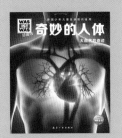
未来能源

探索月球

神奇地球

神秘机器人

第一辑·全10册

奇妙的人体

深海之谜

太空之旅

走进热带雨林

第二辑·全10册

宇宙中的星体

伟大的发明

神奇的火车

沙漠之旅

第三辑·全10册

显微镜探秘

野生动物

奇趣萌宠

鸟类不简单

第四辑·全10册

神秘的古埃及

印第安人

伟大的探险家

未来世界

第五辑·全10册

蛇的故事

考古探秘

马的生活

舞蹈的魅力

第六辑·全10册

生物质资源

2023 NEW

石器时代

2023 NEW

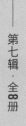

第七辑·全8册

WAS IST WAS

学习源自好奇 科学改变未来

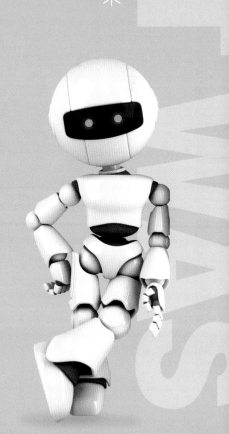

德国少年儿童百科知识全书

火星登陆

红色星球定居计划

[德] 曼弗雷德·鲍尔/著　马佳欣　梁进杰/译

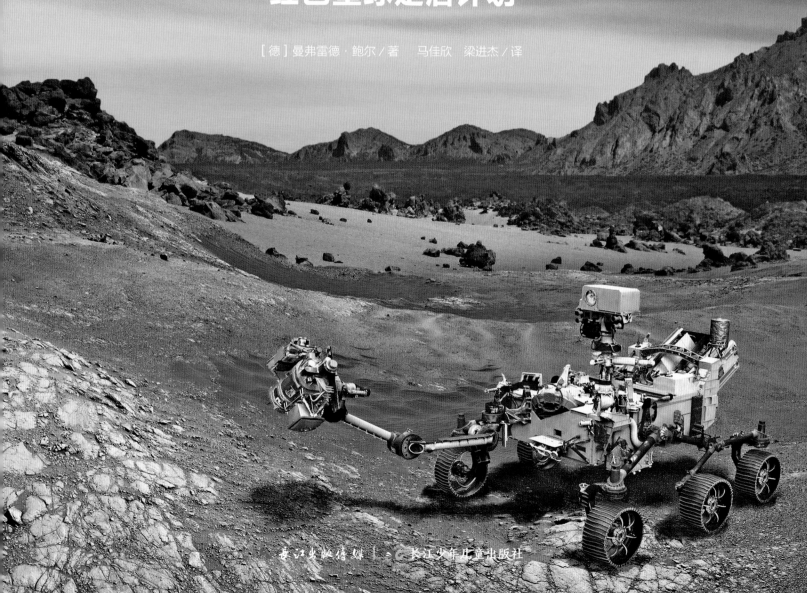

长江出版传媒 ∣ 长江少年儿童出版社

方便区分出
不同的主题!

真相
大搜查

12

火星是何时诞生的？它是怎样形成的？它的内部结构是怎样的呢？

6

为什么古罗马人用战神马尔斯的名字为火星命名？

符号▶代表内容特别有趣!

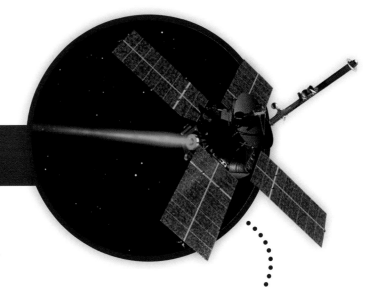

16

1965 年 7 月 15 日，人类第一个火星探测器水手 4 号登陆火星，它传回地球的图像向世人展示了一个荒漠般的星球。

大恐慌——星球大战

天才广播剧制作人

奥森·威尔斯是一名演员兼导演，他策划并主播了一部广播剧，被许多听众信以为真。在剧中，他亲自扮演主角——天文学家皮尔逊教授，并声称自己见证了此次火星人入侵。

1938 年 10 月 30 日，任何碰巧打开收音机的人都会亲耳听见一则消息：一艘来自火星的宇宙飞船正抵达美国的新泽西州。然而，登陆地球的远远不止一艘宇宙飞船。根据记者的现场报道，越来越多的宇宙飞船正在袭来。火星人入侵地球了！

现场直播

无线电广播在那时还是一个激动人心的新媒体。在此前一年，也就是 1937 年，电台记者现场报道了德国兴登堡号飞艇的空难过程：飞艇中充满了极其易燃的氢气，它在美国新泽西州莱克赫斯特着陆时突然起火。而此次火星飞船突发事件显然更可怕，外星人入侵地球了！怪不得这次报道引起了很多电台听众的惊恐，有些听众甚至报了警。但事实上，这只是电台播放的一部广播剧。

导演奥森·威尔斯设计了这起报道：起初，人们听到的不过是普通的广播节目，首先是天气预报，接着节目切换到纽约一家酒店里的音乐广播。到目前为止，一切都很正常。随后，音乐广播突然中断，电台插播了一则特别报道，播音员在报道中声称天文学家用望远镜观察到火星大气层发生了奇怪的变化。

火星之谈

事实上，数百年来，火星一直是研究人员关注的焦点。火星绕着自转轴转动，火星上的一天比地球上的一天略长。跟地球一样，火星的南北两极也有着白色极冠。此外，火星上还有纵横交叉的沟槽，地球上的人们曾以为这是火星人的建筑杰作——火星运河，目的是把高纬度地区的水引向沙漠地区。当时许多人，包括科学家，都相信火星人的存在。那时候还没有太空旅行，虽然科学家已经在试验小型火箭，

收音机

人们守候在收音机旁聚精会神地收听着火星人入侵地球的报道。据说，当时甚至有许多人冲出家门，逃离城市，因为他们对这场所谓的火星人袭击深信不疑。

但还没有一艘能成功抵达太空。不过人们至少已经有了想法，那就是借助火箭克服地球引力，从而实现星际旅行。

"专家"的声音

在广播中，记者采访了天文学家、火星研究专家皮尔逊教授，请他向听众解释他观察到的天文现象。随后，音乐再次响起，但不断被新的报道打断。一名飞行员用无线电与这家广播公司取得了联系。从这时起，皮尔逊教授回顾了整个事情的经过，以及人类如何从火星人对地球的侵略中幸存了下来。

大众的恐慌——是真是假？

据说，在美国新泽西州，即报道中飞船着陆的地方，当晚有上百万民众陷入恐慌。有的人冲进教堂寻找避难所，有的人试图驾车出逃，每条街道都拥堵不堪，医院的急诊室也人满为患。警察和国民警卫队努力控制混乱局面。恐慌甚至蔓延到邻国加拿大。由于广播中曾提到火星人向纽约释放了有毒气体，纽约市民纷纷用手帕捂住口鼻，以保护自己免受毒害。人们绝望地四处寻找避难之处，很多人跑到教堂祈祷，还有些人则开始抢劫商店。直到今天，类似这样引起恐慌的故事仍在流传，但再也没有引起过如此大的骚动。大多数听众都知道，这只是专题系列广播，故事纯属虚构。其实，在

节目的开始和结尾，播音员都曾明确指出这是一部广播剧，根据英国著名科幻小说家赫伯特·乔治·威尔斯的代表作《世界之战》改编而成，这部科幻小说出版于1898年。一部广播剧竟然引发了如此大规模的民众恐慌，这实在让人难以置信，所以，对于这段看似荒诞的历史，人们至今仍然津津乐道。

今天的火星人入侵

其实，真正的火星人入侵从未发生过。相反，人类已经开始和平"入侵"火星。为了更加精准地探索这颗红色星球，追踪生命痕迹，并为载人航天任务做准备，地球人向火星发射了大量的探测器。现在，建设火星基地已经在人类的计划之中。在未来的某个时刻，火星可能会成为数百万地球人全新的家园。

来自太空的入侵？

飞碟、小绿人、火星人……奥森·威尔斯的广播剧引起了大规模的恐慌。至今仍然有人声称在那天看到了不明飞行物。然而，大部分不明飞行物最终都被证实只是天气现象引起的视觉错觉，或者可以用其他方式解释。可以肯定的是，火星人并不存在。

未知的科技

在与来自火星的三脚战斗机的对抗中，人类的获胜概率微乎其微。火星人似乎想要征服人类，人们认为这是因为他们看中了地球上的丰富资源，尤其是水，因为火星上的水资源十分匮乏。

古代和中世纪时期的火星

火星的环形轨迹

火星在夜空中划出一个环形轨迹。这张照片是通过连续几日多次曝光以及叠加技术制成的。在照片中，我们能观察到火星的亮度变化。这是因为在地球追赶火星的过程中，两个星球之间的距离处于不断变化的状态。

虽然夜空中的大多数星星看似在原地一动不动，但实际上，有的星星会夜以继日地缓慢移动，并在数周或数月后改变自己的位置，它们就是所谓的行星。有一颗行星特别引人注目，因为它呈血红色，由此得名火星。火星一直以来都吸引着人类的目光。在不同的文化中，人们曾创作了各种各样关于火星的神话和传说。而如今，我们也有大量关于这颗红色星球的电影、漫画和小说。

行星

中国古代的天文学家认为这颗行星的颜色酷似火焰的颜色，因此称它为"火星"，也叫它"荧惑"。古希腊人则常常把红色与血液联系在一起，所以将它命名为"战神阿瑞斯"。古罗马人延续了希腊神话，并给这颗红色行星取了个新的名字，叫作"战神马尔斯"。直到今天，火星还是一如既往地吸引着我们的目光。当然，除火星外，宇宙中还有不计其数的迷人的行星：金星闪闪发光，拥有厚厚的大气层；木星个头巨大，拥有众多云带；而土星则因其美丽的光环而引人注目……然而，古人对此还一无所知，因为彼时望远镜尚未被发明。

鲜红如血！

古罗马神话中的战神马尔斯身上沾满了鲜血，因此，古罗马人以他的名字来给这颗红色星球命名。

奇特的轨道

早在古希腊人和古罗马人之前，生活在现伊拉克两河流域的古代天文学家就已经注意到，火星在夜空中的移动路径非常奇特。在当时，火星是已知的 5 颗行星之一，其他 4 颗行星分别是水星、金星、木星和土星。由于天王星和海王星是冰冷的气态行星，光线微弱，这两颗行星直到望远镜发明以后才被人类观测到。与木星和土星不同，火星是一颗快速移动的行星，它夜以继日地改变着自己的位置，不像那些看似固定不动的星星，于是人们把那些相对静止的天体称为"恒星"。

其实，恒星也会改变自己的位置，只是由于它们距离地球太远，我们很难通过肉眼察觉到恒星位置的明显变化。火星则相反，它在天空中呼啸而过，并在移动过程中不断地变换方向。如果你在星图上画出火星的位置，就会清楚地看见，火星的运行轨迹十分奇特，有时甚至会形成一个环形。

早期的宇宙观

尽管早期的天文学家观察到了火星奇特的运行轨迹，但他们还没有行星的概念，不了解行星围绕着太阳运行这个事实；他们也没有恒星的概念，不明白为什么这些天体会在天空中相对静止。古人曾认为，地球是宇宙的中心，火星、太阳系其他行星以及太阳和月亮都是环绕着地球转动的。恰恰是这种观点阻碍了古人去揭示火星运转的真正原因；同时，天文学家试图维持以地球为宇宙中心的地心说，并用"均轮和本轮"来解释火星的逆行运行轨道。"均轮和本轮"指的是一颗行星轨道上的辅助小圆。在古希腊语中，"均轮和本轮"意为"在圆圈上"。

从地心说到日心说

到了中世纪末期，人们发现，以地球为宇宙中心的地心宇宙观已经无法解释行星的运动。1543 年，中世纪结束半个世纪以后，波兰天文学家尼古拉·哥白尼提出了日心说。在这个宇宙观中，所有行星，包括地球，都是围绕太阳运行的。然而，由于哥白尼仍然假设行星的轨道是精确的圆形，因此，如果要解释火星的奇特运行轨迹，他不能完全摒弃"均轮和本轮"理论。

解开谜题的椭圆

17 世纪初，约翰内斯·开普勒认识到，所有行星围绕太阳运行的轨道都不是圆形，而是椭圆形的。地球的运行轨道接近于正圆形，而火星则处于椭圆形的轨道上。现在，由于人们已经准确知道了行星的运行轨道，所以能完全抛弃"均轮和本轮"理论。火星在天空中的运动，源于它在椭圆形的运行轨道上绕太阳旋转，当地球在离太阳更近的轨道上追赶并超过火星时，就会出现火星逆行的现象。1609 年，开普勒将自己的研究成果发表在《新天文学》一书中，他的计算引发了一场宇宙观的变革。当时，人们已经发明了望远镜，天文学家立即把它应用到天体观测上。当然，他们也用望远镜瞄准了火星。

> 行星在各自的轨道上围绕着太阳转动。

约翰内斯·开普勒

德国天文学家、物理学家和数学家约翰内斯·开普勒（1571—1630）提出了行星运动三定律，因此被认为是现代天文学的奠基人。

错误！

日心说

正确！

1

土星　火星

金星　地球　太阳

水星

木星

地心说

2

海王星

土星　火星

金星　太阳　地球

水星

木星

天王星

全新的宇宙观

古希腊和中世纪的天文学家认为，宇宙是以人类和地球为中心的。但这种以地球为宇宙中心的地心说 **1** 无法解释行星的运行，只有以太阳为宇宙中心的日心说 **2** 才能做到这一点。

望远镜下的火星

当天文学家用肉眼观察天空时，火星只是一颗小小的红色星星。但通过观察火星在天空中的运行轨迹，人们意识到，太阳才是宇宙的中心。根据新的日心说宇宙观，所有行星都在椭圆形的轨道上围绕太阳旋转。17世纪初，人们终于发明了望远镜，并立即用它来进行天文观测。天文学家们在望远镜下观察到的景象让人们大为震惊：虽然恒星的形状仍然是点状的，但行星现在看起来则像一个个小圆盘。很显然，它们是球形天体。因此，人们自然地联想到，其他行星与地球类似，都有自己独立的体系。经过不断的验证，人们认为，在所有行星中，火星与地球最为相似。

红色的圆盘

意大利物理学家、天文学家伽利略·伽利雷是最早使用望远镜进行天体观测的人之一。当他使用自制的折射望远镜观测木星时，他看到了围绕木星运转的小光点。伽利略发现了木星的4颗卫星，显然是最明亮、最大的4颗。他的观察进一步证实了日心说的宇宙观：正如木星周围的卫星绕其运行一样，太阳周围的行星也以太阳为中心转动。1609年，伽利略第一次观测火星时，他看到的只是一个红色小圆盘，没有更精确的细节，因为他自制的透镜质量太差，可放大倍数太低。

更多细节

观测火星的最佳时间是两年一度的"火星冲日"，此时火星和地球位于太阳的同一侧，而且两颗行星之间的距离特别近。每次迎来新的冲日时，天文学家们都会使用更大、更好的望远镜去挖掘更多关于这颗红色行星的细节。17世纪中叶，人们第一次观察到火星的表面特征，发现上面有一些暗黑的阴影。这些黑影可能是什么呢？是海洋还是大陆？1659年，荷兰天文学家克里斯蒂安·惠更斯绘制出了第一张火星地图。根据火星表面的特征，惠更斯还证明了火星在绕着自转轴自转，并且自转速度接近于地球。1666年，出生于意大利的法国天文学家乔凡尼·多美尼科·卡西尼测定出火星的自转周期，与准确周期的差别不超过3分钟。今天我们都知道，火星的自转周期约为24小时37分钟。同时得以证实的还有，火星的自转轴穿过了火星南北极的两个白色极冠。

新发现

18世纪末，出生于德国的天文学家弗里德里希·威廉·赫歇尔成功发明了一座大型反射望远镜。他经观测发现，在一个火星年中，火

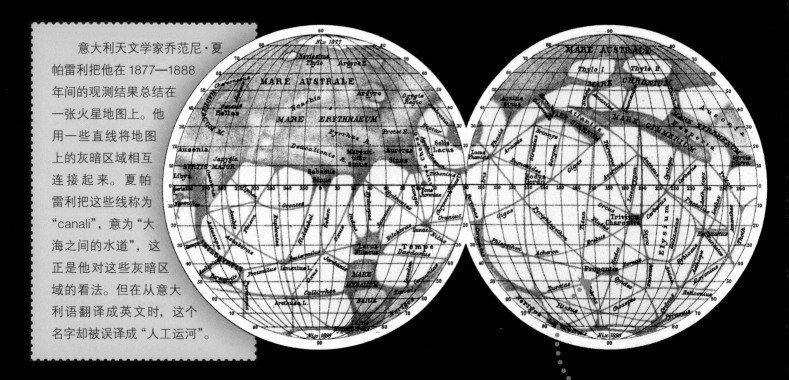

意大利天文学家乔范尼·夏帕雷利把他在 1877—1888 年间的观测结果总结在一张火星地图上。他用一些直线将地图上的灰暗区域相互连接起来。夏帕雷利把这些线称为"canali"，意为"大海之间的水道"，这正是他对这些灰暗区域的看法。但在从意大利语翻译成英文时，这个名字却被误译成"人工运河"。

星南极极冠的亮度会发生变化。火星年指的是火星绕太阳公转一周所需要的时间，总计 687 个地球日。赫歇尔推测，火星极冠的面积会随着季节的轮换而变化。事实证明他的假定是正确的。

火星上有植物吗？

19 世纪初，望远镜的镜头质量变得越来越好。因此，火星表面上的更多细节逐渐变得清晰可见。德国天文学家威廉·比尔和约翰·海因里希·冯·梅德勒实现了开创性的突破。他们花费了数年时间，精心绘制出一张完整的火星地图，并于 1840 年向世人公布。显然，这张火星地图上标记的特征都是静止的，无法显示云层或其他大气现象。地图上鲜明地显示出了灰暗区域和明亮区域。其中，灰暗区域最初被认为是植被，即火星表面所覆盖的植物。现在我们知道，造成亮度差异的真正原因在于岩石类型的不同。灰暗区域的岩石主要是尘埃层，它们由频繁不断的，有时甚至是全球性的沙尘暴塑造而成。19 世纪下半叶，人们观测到了火

星上的天气现象。然而，当时没有人能想象到，火星大气远比地球的大气稀薄和干燥。

火星运河

19 世纪 70 年代，一些天文学家认为，他们观测到火星上存在着众多深色的直线，其延伸距离非常长。意大利人乔范尼·夏帕雷利的观测使"火星运河"的说法盛行起来。他观测到了一个完整的火星水道网络，可能是自然存在的，但是他明确强调这些水道可能是自然形成的，不一定是人工制造的。美国天文学家帕西瓦尔·罗威尔还制作出了特别详细的火星运河地图。此外，他在美国亚利桑那州建造了一座私人天文观测台，专门用于火星探索研究。然而，大家对火星运河的看法却存在分歧，有些人说能看到它们，有些人则说看不到。

火星谜题

这些真的是由智慧的火星人建造的运河吗？如果是这样，那火星人在技术上一定远超人类。

近距离观测火星

2003 年，当火星再次特别接近地球时，天文学家把哈勃空间望远镜对准了这颗红色星球。但是，他们竟然没看见一丁点儿人工运河的痕迹！

火星与太阳系

在地球上借助望远镜对火星进行的探索几乎已经达到了极限。为了获取更多关于火星的知识，人们必须寻找新的方法。20 世纪中叶，人们开始尝试乘坐火箭离开地球。那么，何不用同样的方式前往火星呢？人们想先用无人空间探测器进行尝试，即在没有航天员驾驶的情况下抵达火星。但是，地球究竟处于太阳系中的哪个位置？火星又在哪里？要到达火星，人类需要走多远的路？

第四颗行星

火星是太阳系中以太阳为中心，排列在水星、金星和地球之后的第四颗行星，以椭圆轨道绕太阳运行。火星与太阳之间的距离在 2.066 亿 ~ 2.492 亿千米之间波动。天文学家通常以天文单位（简写为 AU）为单位来表示太阳系内各天体间的距离。一个天文单位相当于大约 1.5 亿千米，这是地球到太阳的平均距离。另一方面，火星和太阳之间的距离变化很大，介于 1.38 ~ 1.67 天文单位之间。

用天文单位（AU）表示行星到太阳的平均距离：

水　星

水星是距离太阳最近的行星，是一片炙热的熔岩沙漠。它的表面伤痕累累，布满了撞击坑，因此，水星不是航天员太空旅行的好地方。此外，水星没有自己的卫星。

地　球

地球是唯一拥有大量液态水的行星，也是无数生命的家园，其中一个原因是地球磁场能保护我们免受太阳危险的粒子辐射带来的伤害。

太　阳

太阳系以小行星带为界，分为内太阳系和外太阳系两部分。太阳风将内太阳系里的氢和氦等较轻的元素吹散，只剩下 4 颗岩石行星和小行星带。而在遥远的外太阳系，极轻的氢气和氦气包裹着气态行星。

太阳	水星	金星	地球	火星
0 天文单位	0.39 天文单位	0.72 天文单位	1.0 天文单位	1.52 天文单位

金　星

金星也是一颗灼热的"地狱"行星。通过 X 射线成像，我们才能观测到金星的表面，它是由大量的火山活动形成的。金星的大气层温度很高，非常稠密，而且具有腐蚀性。

火　星

火星只有地球的一半大小，几乎没有磁场。火星上的大气层非常稀薄，不能抵挡来自太阳的紫外线和粒子辐射，所以无法为生命提供足够的保护。

火星轨道外的行星

火星轨道之外是小行星带，其中大多是形状不规则的巨石，有些小行星直径长达数百千米。谷神星也位于小行星带，它的直径为945千米，是一颗非常大的近球形小行星，属于矮行星。在塑造火星早期地貌方面，小行星和较小的流星体发挥了重要的作用。在它们的撞击下，火星表面出现了许多撞击坑。越过小行星带后便是大型气态行星。太阳系中最大的行星是木星，它以5.2天文单位的平均距离绕太阳运行。其次是土星（9.54天文单位）、天王星（19.18天文单位）和海王星（30.07天文单位）。再往外是柯伊伯带，这里有小行星、冰块和矮行星，其中一颗矮行星是冥王星。

地球到火星的距离

由于地球和火星都在围绕太阳运行，所以它们之间的距离是处于不断变化中的。当两颗行星都位于太阳的同一侧时，二者之间的距离非常近，这种现象大约每26个月会出现一次。由于火星在高椭圆轨道上运行，地球到火星的距离在0.36～0.60天文单位之间。当火星和地球分别位于太阳的两侧，它们之间的距离则在2.36～2.69天文单位之间。由于地球到火星的距离在不同时间存在着巨大的差异，所以在望远镜中，火星的亮度和大小也会出现较大的波动。在最小距离处，火星的亮度可达负3等。亮度与等级间的关系是：等级越小，说明

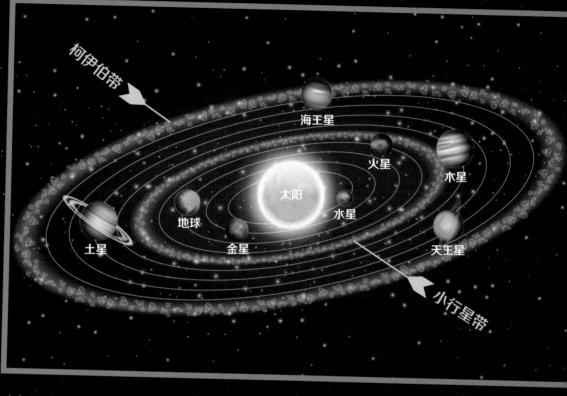

物体的亮度越高。在离地球最远的地方，火星亮度会下降到1.6等。

火星年和火星日

火星绕太阳公转一圈需要687个地球日，这就是一火星年的时间长度。火星绕自转轴旋转一周需要约24小时37分钟。因此，火星日仅比地球上的一天稍微长一点。地球和火星的自转轴都是倾斜的。火星自转轴的倾斜度约为25.2度，地球自转轴的倾斜度约为23.5度。与地球一样，火星自转轴的倾斜导致光线从不同方向照亮球体，从而形成了火星表面一年四季的变化。

太阳与行星

太阳系由中心天体、8颗行星、小行星带和柯伊伯带组成。在此插图中，各行星与太阳的距离和行星的大小不是按实际比例显示的。

不可思议！

太阳占据了整个太阳系99.8%的质量，太阳系中的所有行星和其他天体仅占0.2%。

火星的构造

关于火星的内部构造，人们只能凭借推测。火星中心可能是含铁、镍和硫的金属内核❶，此处的温度可高达 4000℃。内核的半径，即金属内核直径长度的一半，大约是 1830 千米。紧挨着它的是火星幔❷，厚度约为 1530 千米，这里的主要成分是炎热的黏性矿物。最外面的一层是火星坚固的外壳❸，厚度在 20~37 千米之间。火星外壳主要由玄武岩构成。

火星的内部结构

➡ 你知道吗？

火星的表面是所谓的"风化层"。风化层由松散的岩石与尘埃构成，覆盖在坚硬的岩石之上。因此，火星表面的主要成分是破碎的岩石、沙子和尘埃。

与地球一样，火星的内部也是由不同的分层构成的。在其形成过程中，火星在自身重力的作用下呈现出球形，形成一个炽热发红的原始星球。放射性元素在衰变时释放出大量的热量，导致火星内部熔化。较重的金属，如铁和镍，向星球的中心下沉，形成火星核；较轻的物质，如硅酸盐，则逐渐上升，形成火星幔和火星壳。由于火山活动，二氧化碳和水蒸气等较轻的成分被释放到大气中。这些过程适用于所有岩质行星。此外，气体究竟是逃逸到太空还是形成稠密的大气层，这取决于行星的质量、温度以及是否拥有磁场。如果大气能够持续存在，那么大气中的水蒸气便会凝结成液态水，甚至在行星表面形成海洋。

行星质量和磁场

直至今天，地球上还有大气层和以海洋、湖泊和河流形式存在的液态水，这主要与地球的质量及其内部构造有关。

地球的质量是火星的 8 倍，因此地球表面拥有足够的引力来形成气体包层——质量更大的行星拥有一个优势：它能更好地把大气聚集在一起。除此以外，地球拥有相对较强的磁场，在磁场的包围下，地球的大气层不容易被太阳风吹入太空。这个磁场构成了一个天然防护罩，它能保护地球免受太阳粒子辐射的不断入侵。在远高于大气层的地方，地球周围的磁场能传导高速带电粒子。只有在磁北极和磁南极附近，即磁场线在地球表面的出发点，带电粒子才能渗入大气层中，并激发气体分子发光。当这种情况发生时，我们会在地球上看到瑰丽绚烂的极光。

内部是关键

地球磁场主要归因于地核。地核由两部分组成：固态的内核和液态的外核。两者都含有铁、镍和少量硫。与固态内核不同，当液态外核中的含铁熔融态物质流动起来时，它的作用就相当于一个磁力发电机。熔融态物质的运动会产生电流，从而形成磁场。根据空间探测器的测量数据，今天的火星不存在全球性的磁场。但是，火星外壳中拥有磁化的岩石，这说明火星上并非一直以来都不存在磁场。相反，原始火星很可能曾存在磁场，它能阻挡太阳的粒子辐射。

地球地震与火星地震

火星内部和地球内部有什么区别呢？地震勘测能揭示出地震波在地层边界处反射和折射的情况。通过这种方法，我们能更精确地探查地球的分层结构。

现在，我们已经通过这种方法了解到，地核是由固态部分和液态部分组成的。然而，火星上的地震勘测仍处于起步阶段。由于火星上发生强烈地震的次数比地球上少得多，我们很难洞察火星的内部。根据目前已知的情况，火星有一个简单的内核，内核中含有较轻的化学元素，这也使得它的密度低于地核。这也许能解释火星上缺乏磁场的原因。

活跃的地球

知识加油站

▶ 地壳由各个构造板块组成，这些板块朝着相反的方向滑过彼此，还能下插至另一个板块下方，从而导致地震和火山活动。

▶ 火星壳则仅由一个板块，也许是两个板块组成。这些板块的运动非常缓慢。与地球相比，火星上目前几乎没有活跃的板块活动。

你好奇吗？

2018 年 11 月，美国国家航空和航天局（NASA）的洞察号火星探测器（InSight）安全登陆火星。它监听火星上的地震信息，并计划通过钻探进一步揭露关于火星内部结构的细节。

洞察号成功钻探火星了吗？

很可惜！洞察号的钻头不得不终止工作。它原计划钻至火星表面以下约 5 米的深度，但实际才钻进 35 厘米处就结束了。

火卫一（别称：福波斯）是一颗形状不规则的小天体，大约 27 千米长，22 千米宽，19 千米高。火卫二（别称：得摩斯）则相对小一些，其最长直径为 16 千米。火卫一可能是一堆松散的瓦砾和灰尘，它以此吸收撞击而来的陨星产生的能量，从而避免出现新的陨星坑。

火星及其卫星

火星有两颗小卫星，被命名为福波斯（火卫一）和得摩斯（火卫二），分别意为"畏惧"和"恐怖"。福波斯和得摩斯是希腊神话中战神阿瑞斯的儿子。火星的这两颗卫星非常特别，与我们地球的卫星月球迥然不同。

敏捷的"土豆"

地球的卫星月球异常巨大，而且质量也非常大，以至于它能呈现出球形的样貌。相反，火卫一和火卫二则很小，二者的质量也很轻，外形让人联想到形状不规则的土豆。此外，它们的结构既不坚固也不紧密，只是由松散的岩石聚集形成。火卫一是两颗卫星中较大的一颗，其轨道非常靠近火星——比太阳系中的任何其他卫星都更靠近自己的行星。实际上，火卫一简直是在绕着火星飞奔，以至从火星表面看，

它每天都会升起和落下好几次。火卫一绕火星运转的周期大约是 7 小时 59 分钟。而火卫二则在更远的外圈绕火星运行，它绕火星转动的周期大约是 30 小时 18 分钟。

来历不明的卫星

这两颗"火星伴随者"是美国天文学家阿萨夫·霍尔于 1877 年发现的。这次发现并非偶然，而是进行有针对性的探索才收获的成果。这两颗卫星几乎在火星赤道平面绕火星运行，于是天文学家们设想，它们一定是与火星同时形成的。然而，仔细观察它们的运行轨道就会发现，只有离火星较近的火卫一在火星赤道平面上绕火星运行。而离火星较远的火卫二则有所不同，它的轨道相对于火星赤道平面倾斜了 2 度。目前科学家尚不清楚这两颗卫星究竟是不是被火星捕获的小行星。

火星的卫星有可能和地球的卫星月球一样，是与另一个天体碰撞形成的。在地球形成

➡ 你知道吗？

这张火卫一的照片是由火星勘测轨道飞行器（MRO）在飞越过程中拍摄的。图中巨大的斯蒂克尼陨星坑直径约为 10 千米。一颗小行星撞击火卫一，形成了这个宽达 700 米、深达 90 米的平行凹槽，差点将火卫一撞得粉身碎骨。

火卫二的运行轨道

火卫二

火卫一的运行轨道

火星

火卫一

火卫一的轨道距离火星表面最近时只有大约 6000 千米，而火卫二则是约 20000 千米。两颗卫星总是将同一侧朝向火星，也就是人们所说的"潮汐锁定"现象，就像地球的卫星月球一样，月球也总是以同一面对着我们。

的早期，地球与一颗火星大小的行星相撞，在地球周围形成了一片碎片云，由此形成了月球。火星也可能遇到过类似情况——它曾经被一颗或多颗巨石撞击。在此过程中，火星上的物质被弹射进入轨道，最终形成了火星卫星。

火星卫星的未来

和月球总是以其中一面朝向地球一样，火卫一和火卫二也总是以相同的一面朝向火星。人们把这种现象称为"潮汐锁定"。火卫一距离火星表面差不多 6000 千米，会受到火星巨大的潮汐引力的影响，同时，这也可能会影响卫星自己未来的命运。通过模型计算，人们演示出火卫一逐渐接近火星的整个过程。几百万年后，火卫一可能会变得距离火星非常近，最终导致的结果是：火卫一要么坠毁到火星表面，要么在运行轨道上被撕成碎片，从而在火星周围形成一个新的星环。另一方面，火卫二在火星表面上方约 20000 千米处转动，它正在逐渐远离火星，并可能在遥远的未来完全脱离火星。但是火卫一变成星环是怎么一回事呢？

从卫星到卫星环的周期性循环

科学家们的最新猜想是：火星曾经拥有若干个更大的卫星，它们是由一个星环中的碎片重组形成的。位于卫星环内圈的卫星也曾遇到与今天的火卫一相同的问题，它在缓慢地靠近火星的过程中，由于潮汐引力被撕裂解体，最终形成了一个新的碎片星环。此外，有些碎片掉落在火星上，而稀薄的环状物凝聚起来构成一个新的卫星。在过去的 40 亿年里，"星环形成—卫星形成和撕裂"这个循环一直在重复。因为火星每次都吞噬环状物质，位于卫星环内

圈的卫星变得越来越小，到最后就只剩下了我们今天所熟知的火卫一。

未解之谜

火星卫星具体是如何形成的，以及它们未来会变成什么样子，对于这些问题，我们目前还没有清楚的答案。为了解开这个谜题，科学家们尝试向火星发射无人探测器。1988 年，苏联两次试图发射探测器探索火星及火卫一，但是这两艘探测器都失踪了。其中一个探测器应该是围绕火卫一运行，另一个可能登陆了火卫一，并对上面的物质进行了实地探测。另一次失败的探测发生在 2011 年，俄罗斯发射了福波斯 – 土壤号火星探测器，并寄望于它能把火卫一的土壤物质带回地球。然而，这个目标并没有实现。火箭升空几个小时后，探测器出现意外，因主动推进装置未能点火而变轨失败。现在，科学家们把希望寄托于日本的探测器，该探测器将于 2024 年发射，并将在 5 年后把火卫一的土壤样本带回地球。

美国国家航空和航天局的幽默海报——谁想在火星卫星上值夜班？

有趣的事实

在火卫一上采矿

美国国家航空和航天局曾经幽默地给"太空矿工"做过一次广告（上图）。但这背后隐藏着严肃的意图，即在小行星或火星卫星上开采原材料，因为未来的行星际太空旅行和空间站建设可能需要这些材料。

火星探测器

自 2006 年以来，火星勘测轨道飞行器（MRO）一直在探索这颗红色星球。利用高分辨率相机，探测器绘制出了精确的火星地图，并在雷达的辅助下搜寻水和冰。

美国国家航空和航天局的水手 4 号探测器于 1965 年首次近距离飞掠火星，并拍下了 22 张黑白照片。

火星探测器

1957 年 10 月 4 日，苏联成功发射人造地球卫星斯普特尼克 1 号，地球人的宇宙航行时代宣告开始。4 个月后，美国人也将他们的第一颗人造地球卫星探险者 1 号送入地球轨道。同时，苏联人和美国人纷纷把目光投向距离地球轨道更遥远的地方，他们设定了两个雄心勃勃的目标：向月球和火星进发。

➡ 你知道吗？

水手 4 号是世界上第一个成功飞掠火星的探测器。它从距离火星不到 1 万千米的地方拍摄了照片。

漫漫长路

在 26 个月一遇的"火星冲日"期间，由于火星与地球距离最近，向火星发射探测器需要消耗的燃料最少，这意味着发射窗口期只有短短几周。在最理想的情况下，地球和火星仅相距 5500 万千米。然而，火星探测器的飞行距离要长得多，因为它们需要在所谓的"霍曼转移轨道"上飞行。这个名称来自德国物理学家瓦尔特·霍曼，早在 1916 年，他就手工计算出了这条飞行轨道。霍曼转移轨道呈半椭圆形，地球和火星分别位于轨道的两端。根据计算，空间探测器的最佳发射时间是在地球和火星到达最近距离的前 50 天左右，探测器发射后将接着进行 270 天的飞行。其实，这些数据仅适用于恰好位于一个平面内的圆形行星轨道。而实际上，我们必须考虑椭圆的行星轨道以及轨道间的倾角。

功亏一篑

1962 年，苏联成功发射了火星探测器火星 1 号，但后来与之失去了无线电联系。苏联在执行探测火星任务时经历过很多失败，这只是其中之一。3 年后的 1964 年秋天，美国发射了两艘探测器——水手 3 号和水手 4 号。对美国国家航空和航天局而言，成对地发射探测器是一

霍曼转移轨道

从一颗行星到另一颗行星的运行轨迹从来都不是一条直线。如何能在消耗最少燃料的情况下实现从地球轨道 ❶ 到火星轨道 ❷ 的转移呢？所谓的"霍曼转移轨道"呈半椭圆形 ❸，太阳则位于椭圆的两个焦点之一，当火星探测器恰好到达霍曼转移轨道与火星轨道的相切点处 ❹ 的瞬间，探测器加速，即可进入火星轨道。航天飞行工程师现在正用计算机对这些轨道进行计算。

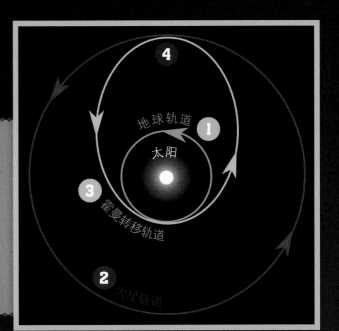

水手 4 号

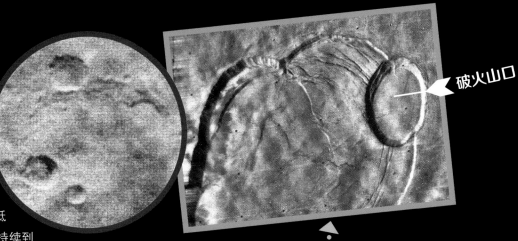

1965 年，水手 4 号从火星向地球发送了第一组照片。这些图像呈现了一个尘土飞扬、布满陨星坑的荒凉世界，但当时仍然没有任何证据表明火星上存在着风、天气变化和水。

破火山口

个明智的决定，这增加了探测器抵达目的地的概率。这种策略一直持续到 20 世纪 70 年代。

目标达成！

水手 3 号在发射不久后就宣告失败。但在 1965 年 7 月 15 日，它的姊妹飞船水手 4 号成为第一个成功飞掠火星的人造探测器，但它的进入轨道和着陆都没能按照预定计划进行。水手 4 号在 4 天内拍摄了 22 张黑白照片，并通过无线电将它们发送回地球。探测器拍摄的图像向世人展现了一个荒漠般的星球，火星表面布满了陨星坑，一片死寂，景观与月球表面非常相似。当时，这些借助望远镜拍摄的照片给人类留下了很大的想象空间。

稀薄的空气

从地球的视角看，当探测器运行于火星背面时，人们就可以测试火星大气对无线电信号的影响，从而推算出火星大气的密度。地球上的大气压约为 1000 毫巴（气象学中曾采用毫巴来计量气压，1 毫巴相当于 100 帕）。相比之下，火星上的大气压非常低，仅有 4 ~ 6 毫巴。在这种低压环境下，液态水无法在火星表面停留。此外，我们已经知道，火星的大气层十分稀薄，富含二氧化碳，仅含有微量的氧气。1969 年，探测器水手 6 号和水手 7 号向地球传输了大量分辨率更高的照片。这些照片表明，火星与月球的差别比人们以前所认为的要大得多。

火星轨道器

1971 年，水手 8 号和水手 9 号火星探测器双双发射升空。与之前的探测器不同，它们是第一批进入绕火星轨道并绘制出火星地表图的探测器。水手 8 号将用广角相机拍摄整个星球，而水手 9 号则将用长焦相机拍摄个别区域。然而，水手 8 号在发射后不久便坠入大西洋。水手 9 号则完美升空，驶向火星，它顺利进入了火星轨道，不得不独自执行姊妹探测器的任务。

火星新视角

1972 年，水手 9 号拍摄了更多更为精细的照片，照片上显示了巨大的火山锥和壮丽的峡谷，还有一些画面令人联想到干涸的河流。据推测，火星并非一直是一个干燥无比、不宜居住的星球。以前的火星比现在更加温暖，也更加潮湿。为了寻求准确的答案，人们必须在火星表面放置着陆探测器。

水手 9 号

水手 9 号工作非常勤恳，总计拍摄了 7329 张火星地表的照片，随后，用于稳定探测器的燃料就耗尽了。这些照片向人类展示了壮观的巨型火山，如奥林匹斯火山及其崩塌的火山口，崩塌的火山口即所谓的"破火山口"。

根据数值着色

一张火星照片抵达了地球，画面由一条条线组合而成。美国国家航空和航天局的一名工作人员用毛毡笔逐一为像素着色，因为水手 4 号是以数值形式传输每个像素的亮度的。为了让画面更有视觉吸引力，灰色调被呈现为黄色和红色色调。

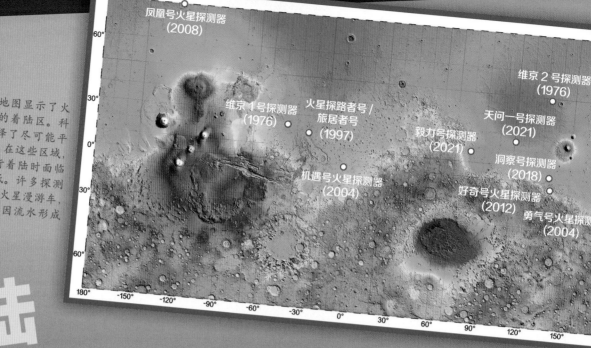

着陆点

这幅地图显示了火星探测器的着陆区。科学家们选择了尽可能平坦的区域，在这些区域，探测器自行着陆时面临的风险较低。许多探测器，尤其是火星漫游车，都被部署在因流水形成的地貌区域。

凤凰号火星探测器 (2008)

维京 2 号探测器 (1976)

维京 1 号探测器 (1976)

火星探路者号／旅居者号 (1997)

天问一号探测器 (2021)

毅力号探测器 (2021)

洞察号探测器 (2018)

机遇号火星探测器 (2004)

好奇号火星探测器 (2012)

勇气号火星探测器 (2004)

登陆
火星

在美国国家航空和航天局阿波罗计划的框架下，1969—1972 年间，曾有 12 名航天员登上了月球。这是一个巨大的成功，但那时候，载人登陆火星的想法尚不可行。不过，人们当时就已经制定计划，在接下来几年把人类送上火星。航天员登上月球只需要 3 天，但抵达火星则要半年多。此外，一些技术和医疗问题还有待解决。因此，我们首先要向这颗红色星球发送不载人的着陆探测器，即着陆器。

两种方法

但是，我们如何将着陆器安全送达火星表面呢？目前科研人员有两种方法。第一种方法是将着陆器与母探测器一道送入绕火星轨道。为此，火箭发动机需要在逆飞行方向上被点燃，以帮助飞船减速。然后，着陆器会脱离火星轨道上的母探测器，并下降至火星表面。美国的两艘维京号火星探测器都选择了这种方法，首次成功将着陆器安全降落在火星表面。第二种方法是在母探测器即将进入火星轨道时，着陆器自行脱离，通过弹道式、弹道升力式等路径进入火星大气层。这种方法被用于后来所有的火星着陆任务。留在轨道上的母探测器，即轨道飞行器，在这两种情况下都扮演着中继站的角色，中继站的任务是保持与地球的无线电通信。地球上的地面站通过母探测器向着陆器发送控制指令，从而使测量数据和照片回送至地球。

一道难题

由于火星上大气稀薄，制动效果很差。因此，着陆器必须分几个阶段才能降低进入

这是两艘维京号火星探测器中的一艘。它是美国国家航空和航天局工程师们的杰作：虽然着陆器大小近似汽车，质量超过 570 千克，却能轻轻地着陆在火星表面。

维京 1 号探测器从火星向地球发送了这张"明信片"——荒漠中的岩石。可见，第一张在火星表面拍摄的照片看上去相当无聊。

"火星之脸"

火星大气层的速度。首先，大气会吸收一部分能量，并转化为热量。针对这一点，着陆器进入火星大气层时需要有一层保护性的隔热罩。大约3分钟后，着陆器的速度会大大降低，坚固的降落伞能进一步减缓速度。与大气密度较大的地球相比，火星的大气层十分稀薄，所以用于在火星上着陆的降落伞必须比地球上的大得多。下一步是脱掉隔热罩。如果着陆器的速度过快，在与火星表面接触时，它会直接被撞碎。所以，火箭发动机需要把探测器的速度降至每小时10千米左右。这一切都必须在几秒内完成，并且人类无法在地球上远程操控，因为无线电信号转换所需的时间太长。探测器自身携带的计算机必须独立控制着陆的所有步骤。由此看来，登陆火星的确是一件非常棘手的事情。

维京1号和维京2号探测器

1975年夏天，美国国家航空和航天局发射了两个姊妹探测器。这两个探测器后来都成功在火星表面着陆，它们是维京1号和维京2号。维京1号于1976年7月20日轻轻降落在火星土壤上，也就是人们所说的"软着陆"。经过轨道飞行器的仔细检查，由于原来计划的着陆点不够平整，因此探测器在短时间内转移到了风险较小的区域。

火星轨道飞行器拍摄的照片有助于选择着陆区域。在探测器安全着陆后不久，第一组图像抵达地球。图片展示了一片荒漠景象，到处都是沙丘和多得数不清的石头。维京2号也

传送了类似的图像，它比维京1号晚一个半月降落，并在距离维京1号7400多千米处着陆。着陆点附近没有任何植被或大型生物的迹象，但火星土壤里藏着微观生命的可能性依然存在。

火星土壤中有微生物吗？

维京号探测器上装备着高科技设备，它们分别被用于3个实验，目的是寻找火星上的生命迹象。一个带铲子的机械臂负责把火星土壤聚拢到一起，每次会提取少量土壤进测试舱，并在那里自动进行实验。果然，土壤样本中显示出了微观生命的迹象，但具体结果尚无清晰的定论，因为没有任何确凿证据能证实火星土壤中存在生命。迄今为止，这些实验还无法得到可靠的解释。

这是火星的脸吗？

在为维京2号寻找着陆点时，维京1号的轨道飞行器拍下了这张"火星之脸" ❶，但其实它只是一块岩石。太阳从某个位置照射火星，岩石正好投下了阴影，看上去仿佛是一张人脸。当太阳的照射条件发生改变时，人们假想的这张脸便不复存在了 ❷。

不可思议！

1960年后的40年中，只有不到一半的火星任务宣告成功。但自1999年起，美国国家航空和航天局发射的5辆火星漫游车全部顺利抵达火星表面，甚至超出预期寿命运行，成功完成了任务。

北极高原

北极高原一词源自拉丁语（Planum Boreum），字面意思为"北方的平原"。北极高原位于火星北极地区，由2～3千米厚的水冰组成。冬季时，冰层上覆盖着一层1米厚的二氧化碳（俗称干冰）。

火星的"脸"

红色星球

这里较暗的区域大多是被熔岩覆盖的低地。巨大的火山和大峡谷尤其引人注目。

如果近距离观察火星，我们会发现火星南北半球的地形地貌差异巨大。那么，火星表面的这种南北差异是如何产生的呢？

早期的火星

火星南半球的地形是坑坑洼洼的高地，比北半球宽阔平坦的平原高出1～3千米。导致这种差异的原因一定是火星早期发生过一次或多次重大的事件。大约在45亿年前，火星与太阳系中的其他行星一起诞生，它们最初都只是一团旋转的气体和尘埃。

在引力的作用下，这些物质慢慢聚集在一起，形成越来越大的块状物，最终形成接近

球形的行星，包括火星。大约6亿年后，那里可能发生了猛烈的撞击：无数陨星、小行星和彗星撞击行星表面，留下了无数撞击坑。火星南半球上的大多数陨星坑都可以追溯到这个时期。当时，北半球和南半球几乎没有区别，表面都伤痕累累。即使撞击逐渐减少，火星表面仍在发生面貌的改变。这些改变要么是由火星地幔岩浆对流等内部过程引起，即大量岩浆高度挤压；要么是经历了一次或多次严重的小行星撞击。最终导致的结果是北半球换上了一张新面孔。相比之下，南半球似乎被"压低"了。剧烈的火山喷发导致熔岩泛滥，进而形成平坦的低地平原。这些低地之间的海拔差别微小

你知道吗？

虽然火星的体积明显比地球小，但火星的表面积相当于地球上所有大陆面积的总和。所以，火星上有足够的着陆空间。其中，最安全的着陆点位于北半球。

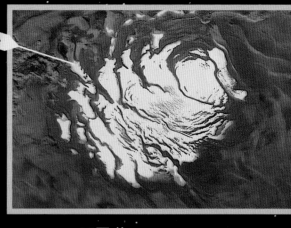

只有不到 300 米。随后，平原上也只是增加了几个撞击坑。然而，这种观点只是一种假说，旨在解释火星南北两个半球的地表差异。

极 冠

今天，我们如果仔细观察火星北半球就不难发现，北极周围的地势明显升高，北部高原——北极冠的周围则是平坦的低地。在火星的南半球也有一个类似的地方——南极高原，只是它的面积比北极冠小一些。17 世纪的天文学家最初认为，极冠上的白点是水冰。到了 20 世纪中叶，研究人员得出结论，极冠上的冰很可能是干冰，即冻结的二氧化碳。但哪个观点是正确的呢？极冠究竟是由水冰还是由干冰组成的呢？

二者兼备

真相通常是介于两者之间。极冠是巨大的冰盖，由好几层组成，主要成分是水冰，其中夹杂着沙子和灰尘。在极地的冬季，相应的极冠会在黑暗中度过半个火星年。在此期间，那里的温度极低。由于大气中的二氧化碳雪和二氧化碳冰冻结，所以早在秋季，极冠的面积就开始扩大。春夏两季，当太阳再次照耀极地时，固态的二氧化碳就会升华，这意味着它不需要经历融化过程，而是直接从固态变为气态。此时，极地的白色冰盖面积会缩小。

火山、峡谷及其他

除了各种高低平原和陨星坑外，火星上还有巨大无比的火山锥、引人注目的大峡谷和其他裂缝、侵蚀形成的沟壑以及干涸的河谷。其中一些地貌是太空事件导致的，另一些则是由火山活动、水流或冰川移动造成的。所有这些都表明，这个星球有着一段动荡不安的过去。

下雪啦！

永久的南极冠比北极冠稍小一些，直径约 400 千米。到了秋天，极冠上会形成 1 ~ 2 米厚的干冰层，因为气态二氧化碳会冻结，有部分甚至形成降雪。此时，极冠的直径可增至 1800 千米左右。

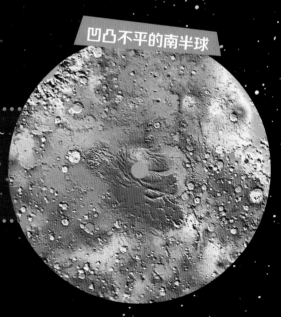

凹凸不平的南半球

这幅图显示的是南纬 55 ~ 90 度的高地，密密麻麻的撞击坑是这里的典型地貌特征。南极地区的极冠主要由水冰组成。

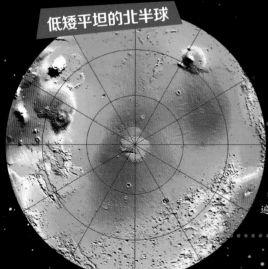

低矮平坦的北半球

这里是北半球，即从赤道到北极点的区域。北极冰盖从图中浅蓝色、几乎没有陨星坑的低地处凸起。而南半球则是遍布火山和陨星坑的高地。

火山巨人——奥林匹斯

火星上之所以能形成巨大的盾状火山，是因为火星上缺乏明显的板块运动，火星内部炽热的岩浆只能集中从以热点分布的火山释放。经过长期、反复的岩浆喷发，左图中这座火山持续升高，最终达到了惊人的高度。

火山和
熔岩管

➡ 纪录
27000米

奥林匹斯山的高度竟然达到27000米！此外，它的直径接近600千米，是整个太阳系中已知最大的火山。

地球上的有些山脉延伸的距离较长，例如欧洲的阿尔卑斯山脉、南美洲的安第斯山脉或亚洲的喜马拉雅山脉等。这些山脉形成的原因是：相邻的两个地壳板块以每年几厘米的速度互相挤压，进而折叠，产生山脉。但是，火星上没有明显的板块移动，火星壳可能只有一两个板块，而且它们几乎固定不动。所以，虽然火星地图上也存在绵延的山脉，但这些山脉形成的方式与地球上不同——火星上陡峭的地形是小行星撞击而形成的陨星坑的岩壁。火星上也许缺乏高大的山脉，但它还是有着高大的山峰。有些山峰甚至比地球最高峰还高。火星上最高的山峰是孤立的火山锥。

威武的盾状火山

火星上的大火山是盾状火山，就像地球上夏威夷的冒纳罗亚火山和东非的乞力马扎罗山一样。有一种类型的火山是多层堆积的层状火山，但它只存在于地球上，火星上没有这种火山。层状火山的熔岩和尘埃会发生爆炸性喷射，所以山体有陡峭的斜坡。

盾状火山喷发时，薄薄的熔岩会在最终凝固前缓慢流过一段很长的距离，所以盾状火山的斜坡非常平缓。奥林匹斯山就是一座坡度平缓的盾状火山，同时也是火星上的最高峰。它的倾斜度非常低，理论上来说，如果不是因为寒冷和稀薄的二氧化碳大气，我们能骑着自行

熔岩管

帕弗尼斯山南坡的这些沟槽可能是以前的熔岩管。当火山向外喷发岩浆的时候，最外层的熔岩会先冷却成一层硬壳，形成坚固的岩壁，中心的熔岩则继续流淌。有些熔岩管的外壳会倒塌。

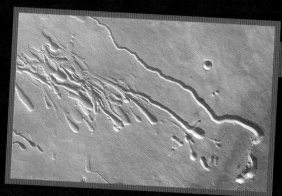

车登上山顶。此外，平坦的火山锥会在陡坡的边缘处断裂。在某些地方，裂缝垂直延伸的深度几乎能达到 7 千米。

这些陡峭的斜坡很可能是因侵蚀而形成的。火星上一些地方还呈现出所谓的"雅丹地貌"，也就是风蚀性凹地和岩层。地球上也存在一些风蚀性地貌，例如位于中亚的塔克拉玛干沙漠。此外，奥林匹斯山的山顶上有几个破火山口，这些接近圆形的盆地山谷不是宇宙撞击形成的，而是岩浆房的岩浆喷发导致内部被抽空的结果。在 1 亿多年前，作为火山的奥林匹斯山处于鼎盛时期。从那以后，它就很少活跃，最近的一次熔岩流发生在大约 200 万年前。然而，奥林匹斯山可能只是处于休眠状态。所以，如果这座火山不久后再次喷发，我们不应感到惊讶。

三胞胎

火星上的另外三座巨大的盾状火山位于奥林匹斯山的东南方，它们是艾斯克雷尔斯、帕弗尼斯山和阿尔西亚山。这三座火山在一条线上，并且各有一个破火山口。它们屹立在拔地而起数千米的塔尔西斯隆起区，那里的火山活动曾经非常活跃。此外，塔尔西斯区与奥林匹斯山所在的平原是明显分开的。1999 年，火星全球探勘者号通过激光测量的高程图呈现出了这一点，它使用的方法是：把脉冲激光束逐

点发送到火星表面，然后计算反射光回到轨道器所需的时间。另一座巨大的盾状火山埃律西昂山则位于塔尔西斯隆起区的更西边。

其他火山

除了塔尔西斯隆起区和埃律西昂地区的五大火山之外，火星上还有一些较小的火山。根据形状，它们拥有不同的描述性别称，例如圆盘山或帕特拉山（Patera），这个单词源于拉丁语，形容浅或平坦的碗状物；托利山（Tholi）的斜坡比蒙特斯山（Montes）的更陡峭，这可能是因为熔岩更黏稠或喷发量更少，导致熔岩流动的距离较短，从而形成了更陡峭的斜坡。另一方面，圆盘山更加平坦，和蒙特斯山不同，它可能是一座中心塌陷的盾状山。也许这些山的主要成分是较轻的材料，如火山灰，而不是固体熔岩。另外，也可能是因为原始火山锥的一部分被侵蚀，变成了现在的样子。

"天光"

这个奇特的洞可能是熔岩管的"天光"。管道外壳仅在这一处发生了坍塌。这个洞位于塔尔西斯地区的帕弗尼斯山。

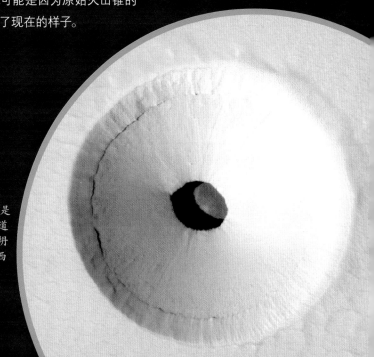

陨星坑——奇特的伤疤

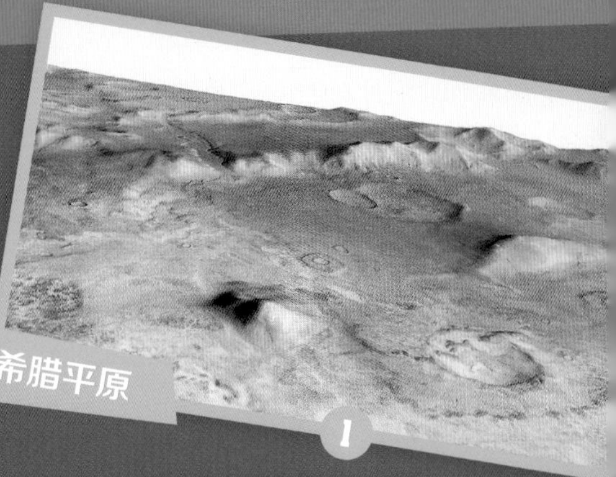

希腊平原

1

这里发生了什么？

今天，陨星撞击火星的现象依然存在。在 2016 年 9 月至 2019 年 2 月期间，一颗冰箱大小的陨星很可能撞击了火星，导致火星表面出现了一个 16 米长的陨星坑。

火星上的陨星坑分布并不均匀，但无处不在，这些陨星坑造就了火星这张"伤痕累累"的面孔。在北半球广阔的平原上，只有少数几个陨星坑。南半球则相反，到处都是陨星坑，让人想起月球上的陨星坑（环形山）景观。然而，火星的陨星坑与月球的陨星坑有所不同。

与众不同的火星

相比月球，火星上直径小于 20 千米的小陨星坑比较少见。这种现象很容易解释：由于月球没有大气层，陨星坑保存的时间更长。但火星上存在大气层，所以陨星坑会受到侵蚀。过去，风、流水和冰川已经侵蚀并夷平了较小的陨星坑。这些不久前才形成的小陨星坑表明，火星上一直都有新的小陨星坑出现，形成的原因依然是被陨星撞击。这些陨星坑看起来与月球上的小陨星坑非常相似——它们是碗状的，直径大约是深度的 5 倍。

然而，在月球上，大陨星坑直径达几千米，它们与小陨星坑之间的区别很大。大陨星坑更加平坦，形状也更复杂：中心地区经常会形成一座或多座山。这是因为月球表面被陨星撞击后，月球内部的岩浆会喷射而出，从而形成了这些中央山脉。

火星上的情况刚好相反，陨星撞击一般会造成地面凹陷，而不会形成中央山脉。通常情况下，火星上的大陨星坑比月球上同等大小的陨星坑更深。此外，直径约 5 千米或更大的火星陨星坑，它们喷出物质的分布与月球上相似

维多利亚陨星坑 **2**

莫罗克斯陨星坑 **3**

"蝴蝶" 陨星坑 **4**

1 希腊平原原本是早期小行星与火星撞击形成的巨大的陨星坑。

2 维多利亚陨星坑其实是一个不起眼的陨星坑，它的直径只有730米，非常小。它的特别之处在于它被磨损的边缘地带，这是流体物质侵蚀的结果。在陨星坑的中心地区，我们能看到由细沙构成的沙丘。

3 莫罗克斯陨星坑看起来磨损严重。它的火山口边缘和中央山脉被大量的冰川环绕。

4 "蝴蝶"陨星坑的延伸距离较长，它是陨星以小角度掠过火星表面时形成的。在此过程中，地表喷射出的物质被抛向一边。

大小的环形山不同。在火星上，喷出物层层重叠，然后沉积在陨星坑中。因为当陨星撞击火星时，火星地表经常会喷射出一些潮湿、泥泞的物质。而月球上产生的喷出物更加干燥，因此呈现出截然不同的分布形态。

猛烈撞击

如果由于陨星撞击产生了特别巨大的结构，那它们便不再被称为陨星坑，而是被称为撞击盆地。火星上最大的撞击盆地是希腊平原，它呈椭圆形，面积约2200千米乘以1600千米。盆地底部比周围高地低大约9千米。按理说，高地的很大一部分是由这次陨星撞击产生的喷射物构成的，只是这次撞击更大、更猛烈。

宇宙碰撞

如果行星之间互相碰撞会发生什么？原始地球在形成大约5000万年后，就可能曾与一颗火星大小的行星发生过碰撞。地球幸存下来，并与外来行星的一部分融为了一体，而月球就是由这次碰撞中被抛到太空中的物质形成的。当时，无数较小的碎片在太阳系内部"东奔西跑"，包括小行星和类行星结构。在地球被撞击的同时，火星可能恰好与一个和矮行星冥王星差不多大小的碎片相撞。这次碰撞也许是火星北半球低地形成的原因。大量的熔岩很可能淹没了相对低矮的地区，从而形成了低地。另一种推测是，年轻火星的内部运动带来了熔岩流，进而形成了平原。无论是行星碰撞还是火星的内部运动，都是目前难以证明的假说。

伽勒陨星坑

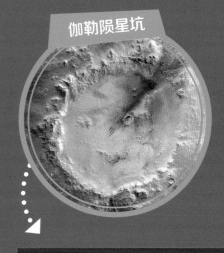

有趣的事实

总是很开心？

伽勒陨星坑以其笑脸般的外形而闻名于世，所以它也被称为"笑脸陨星坑"。它的直径为230千米，是一个特别巨大的陨星坑。

纪录

4000 千米

火星上的水手号峡谷长度超过 4000 千米, 深达 7000 米! 相比之下, 位于地球上美国的大峡谷就像是侏儒。

诺克提斯迷宫

诺克提斯迷宫位于水手号峡谷西侧, 沙丘和阶梯状岩石构成了纵横交错的深沟, 形似迷宫。

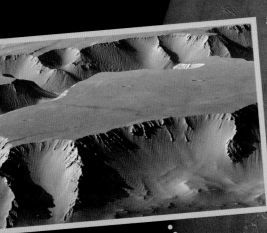

峡谷、山谷和裂谷

尤斯峡谷

尤斯峡谷的这些支脉峡谷很小, 形态像树杈, 它可能是因流水作用形成的。

伤痕累累的"脸庞"

究竟是什么让火星的"脸"上伤痕累累? 未来的探索任务将在这里实现有价值的目标。水手号峡谷的众多地貌景观表明, 那里曾经有水活动的痕迹。

水手 9 号探测器在火星上发现了众多峡谷和山谷, 其中最大的峡谷超越了所有其他的峡谷, 和它相比, 地球上所有的峡谷都是小巫见大巫。为了纪念发现它的水手 9 号探测器, 人们将它命名为水手号峡谷。

水手号峡谷

当我们通过照片第一眼看到水手号峡谷时, 它似乎与由河流侵蚀形成的蜿蜒山谷毫无关系。水手号峡谷更像是一条巨大的裂缝, 断裂成好几个峡谷。整条峡谷在火星赤道附近从东向西延伸, 前后延展超过 4000 千米——超过地球周长的十分之一。

在主峡谷的最宽处, 南北两侧相隔足有 600 千米。如果一个航天员站在峡谷一侧的边缘, 他根本看不到另一边! 科学家一般认为水手号峡谷是因地质构造变化而形成的一条断裂带, 它可能是由于火星壳在东西方向的运动而形成的。

此外, 人们还讨论了水手号峡谷的形成是否与塔尔西斯地区的隆起有关。那里可能出现过岩浆大量上涌的情形, 进而导致火星壳破

海德拉奥特斯混沌

水手号峡谷的东部有海德拉奥特斯混沌。宽阔的溢出河道从这里延伸开来。大约在 35 亿年前，大量的水从高地涌入低地。

堪德峡谷

这条峡谷长约 810 千米，谷底覆盖着沙丘和山体滑坡等。

裂。之后，水或冰有可能聚集在峡谷中，慢慢侵蚀峡谷的边缘和斜坡。随着时间的推移，峡谷的一些地方逐渐变宽，形成了支脉峡谷。

山谷网络

水手号峡谷的西边有一个结构错杂纷乱的小峡谷——诺克提斯迷宫，别称"夜间的迷宫"。由于这些峡谷以各种各样的方式相互连接，因此它们也被称为"山谷网"。诺克提斯迷宫与塔尔西斯隆起区接壤。过去，塔尔西斯隆起区的火山活动十分活跃。火山的热量有可能将位于地下更深处的冰或水直接推入大气，地下因而形成了空洞，导致后来发生了坍塌。因此，两座耸立的平顶山之间形成了一个深深

的谷底。在一些山谷的底部，人们发现了一些从斜坡上滑落的浅色沉积物，其中就含有矿物质。而例如硫酸盐或黏土等矿物质的形成通常需要水的参与。

溢出河道

峡谷系统东部的尽头是一片名为"海德拉奥特斯混沌"的地貌景观。它的形成方式与诺克提斯迷宫类似。过去，这里的地下储存了大量的水或冰。当它们因火山活动而被释放出来时，产生的空洞导致了坍塌，只剩下平顶山。大量的水向北流入广阔的平原，当年形成的宽阔的溢出河道今天依然清晰可见。现在，这些地区可能还含有大量的水

知识加油站

▶ 堪德峡谷是水手号峡谷的大深谷。除此之外，还有一些沟壑，也叫"堑沟"。大多数堑沟是裂缝，它们很可能是火星壳运动造成的。

▶ 山谷网和溢出河道是在融冰和流水的作用下形成的。

日 落

这张火星景观照片呈现的是火星上白昼的天空。天空有时露出鲑鱼般的红色，有时又是橙色或棕色。产生这种颜色差异的原因是细小的火星尘埃。这是好奇号火星探测车拍摄到的一张日落景象。

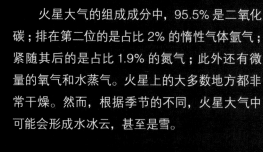

大气——风和天气

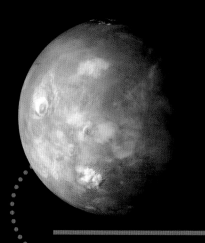

▶ 你知道吗？

2018 年 3 月中旬，火星上发生了很多事情，尤其是在低纬度地区。这个季节的典型天气是小沙尘暴。每天下午，水冰云都会在距火星表面 10～30 千米的高空结冰。它们类似于我们在地球上见过的卷云。

火星大气的组成成分中，95.5% 是二氧化碳；排在第二位的是占比 2% 的惰性气体氩气；紧随其后的是占比 1.9% 的氮气；此外还有微量的氧气和水蒸气。火星上的大多数地方都非常干燥。然而，根据季节的不同，火星大气中可能会形成水冰云，甚至是雪。

寒冷的火星

与地球相比，火星距离太阳更远。因此，同等单位面积的太阳能量，只有 40% 可以到达火星。这是火星比地球更冷的一个重要原因。火星地表的年平均温度为零下 68℃；而地球表面的年平均温度为 15℃，舒适宜人。然而，火星实际的地表温度还因不同的地区和季节性波动而不同。例如，在火星的低纬度地区，夏日午后的气温可能高达 20℃，当然这只是地面上的温度。在距离地面仅两米高的地方，空气的温度就会下降 20～30℃。造成这种情况的原因是火星的大气层极其稀薄，火星地表的大气密度只有地球海平面大气层的 0.6% 左右。此外，低地的气压当然比在高地略高一些。

微弱的风

稀薄的火星大气也会影响风的强度。与地球上每小时 120～130 千米的飓风相比，虽然火星上的风速高达每小时 400 千米，但它所产生的能量要小得多，因为风的冲击力主要与移动气体的质量有关。此外，由于火星上一天内的温度波动剧烈，所以火星上每天都有晨风和晚风。

两种类型的云

火星上的云不是由水滴形成的，因为水滴在低气压环境下会立即蒸发。火星云是由冰晶组成的，这些水冰云出现在海拔 20 千米左右的高空。另一种类型的云在海拔 50～80 千米的地方形成——在那里，二氧化碳也会结晶，变成细小的冰晶。显著的昼夜温差导致了干冰云的形成。

风与沙丘

在火星的极地地区，冬天特别寒冷，气温会下降至零下 140℃——远远低于二氧化碳的冰点。当一个极地地区处于冬季时，那里有很大一部分二氧化碳都会结冰。而与此同时，另一个极地地区正值夏季，大量的二氧化碳会在那里被释放出来，由此会产生较大的压力差和相应的强风，地面上的风速可达每小时 400 千米。这些风每隔几年到几十年就会引起火星全球沙尘暴，大量的灰尘被输送和散布到各个角落。此外，这些风还会塑造出波浪状的沙地，堆起高达 70 多米的沙丘。

"尘魔"

在火星上的一些地方，龙卷风或所谓的"尘魔"旋涡把细小的红色尘埃从地下黑暗的熔岩中翻卷起来，在地表勾勒出一条条划痕状的轨迹。这些"尘魔"景观是从火星轨道上或者火星探测器在地面上拍摄或录制到的。白昼时气温升高，暖空气迅速上升到较冷的空气中，使空气开始旋转，"尘魔"便会现身。由于黑暗的地区比明亮的地区升温更显著，当越来越多深色岩石暴露在风暴下，"尘魔"的强度就会变得更大，其直径可达数百米，直冲几千米的高空。尽管风速高达每小时 100 千米，但它们对火星着陆器和火星车不会构成任何威胁。这是因为火星的大气压力很低而且气体稀薄，因此移动的气团非常小。

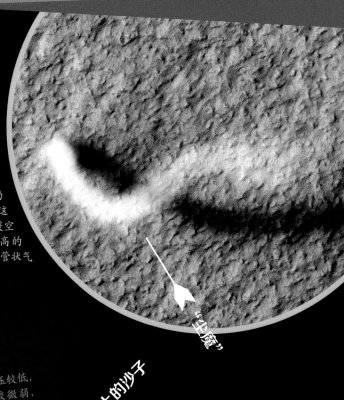

魔鬼来了！

这是亚马孙平原晚春的一个下午。美国国家航空和航天局的火星勘测轨道飞行器捕捉到了这张罕见的照片：上升的暖空气形成了一道 800 多米高的"尘魔"，这支猛烈旋转的管状气流直径约 30 米。

"尘魔"

移动沙丘

因为火星上的气压较低，由此产生的风也比较微弱，所以在火星上沙丘的移动速度比在地球上慢。

火星上的沙子

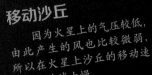

被灰尘笼罩着的火星

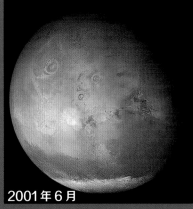

2001 年 6 月

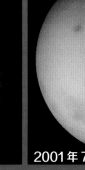

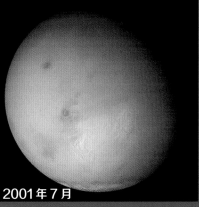

2001 年 7 月

沙尘暴可以在短短几周内蔓延到整个星球。2001 年 6 月初，火星的表面结构尚清晰可见。但到了 7 月底，气团开始从南极极冠向北移动。不久后，整个星球都被尘埃云笼罩。火星上已经有三十多年没发生过规模如此巨大的全球性沙尘暴了。一般情况下，在火星上更为常见的是较小的局部风暴。

火星漫游车

1994 年，为了证明无人探测器可以在火星表面移动，美国国家航空和航天局发射了探路者号宇宙飞船。即将在这次探测任务中发挥最重要作用的是探路者号携带的旅居者号火星车，它也是人类历史上第一台用于探索外行星地表的机器人车辆。为了能够安全着陆，火星车被安全地包裹在一个外壳中。外壳的下半部分是一个隔热罩，上半部分是坚固的制动降落伞。

下降到火星表面

经历了长达 8 个月的飞行后，本次火星之旅最困难的部分——着陆即将开始。探路者号的着陆器与飞船分离，然后披上隔热罩，继续进入火星大气层。着陆器的速度逐步达到触发巨大超音速降落伞的速度。接下来，隔热罩被炸开，实际着陆器沿着一根 20 米长的钢缆缓缓下降。在距离火星表面 350 米处，几个巨大的安全气囊打开，以缓冲强大的撞击力。在距离地表 100 米处，小型制动火箭也被引爆。当离地面只有 20 米时，着陆器自动脱落，并在安全气囊的保护下降落到地面。它上下弹跳了 15 次，然后才缓缓展开。传感器记录着陆器的准确位置，并控制安全气囊放气，使其处于直立状态。接着，3 个太阳能电池板展开，为着陆器供电。

第一辆火星车

着陆器打开舱门，释放出旅居者号火星车。旅居者号沿着斜坡向下滚动，冲向火星

困难重重的着陆

探路者号的着陆器在逐步降低速度。在此过程中，它需要隔热罩、降落伞和制动火箭的帮助。此外，还需要几个安全气囊来减缓强大的冲击力。

全能王——机遇号和勇气号

机遇号和勇气号火星探测车顶部的桅杆式结构上架着各种摄像机❶，热辐射分光计负责记录红外范围内不同波长的地貌景观，远程记录和分析岩石的化学成分由此成为可能。此外，还有一条形状像杆子的低传输速度的低增益全向天线❷，以及一条用于高数据速率传输的高增益抛物面天线❸。它的机械臂❹可以灵活移动，上面安装着相机、光学显微镜和用于研究岩石样本的仪器，此外还有一种摩擦工具，专门负责去除灰尘层，或刨开岩石表面，使地下物质暴露出来，供车上的仪器做调查。火星车的 6 个轮子❺可以独立驱动。

放眼望去，到处都是石头，而且全部都来自火山。旅居者号火星车正在嗅探的大岩石甚至已经有了自己的名字——"瑜伽石"，这是根据卡通人物瑜伽熊来命名的。

旅居者号火星车

表面。它有自己的照相机、障碍物识别系统、岩石钻头和分析火星岩石化学成分的仪器。此外，它的顶部还安装着太阳能电池板，能为火星车供电。在接下来的 3 个月里，旅居者号只游走了约 100 米，并且从不去距离着陆器超过 12 米的地方，因为这辆小车时刻都要与地球保持无线电通信。尽管出现过无数次故障、意外停顿以及与地球上的地面站通信混乱等情况，旅居者号依然证实了使用可移动火星车探索火星地表是可行的。1997 年 9 月 27 日，随着无线电通信发生中断，旅居者号的使命终结。接下来人类的任务是：建造更大的火星车，使其即使脱离中继站也能灵活移动且移动距离更远。

火星探测车

在 2003 年的发射窗口期，美国国家航空和航天局向火星发射了两辆孪生火星车。这种车辆被官方命名为火星探测漫游车，简称火星车。这两辆火星车的代号分别为火星车 A（MER A）和火星车 B（MER B），它们更为人熟知的名字是机遇号和勇气号。两辆火星车进入太空的时间相隔 4 周，经过 7 个月的旅程后各自抵达了目的地。它们的着陆原理与探路者号相同，除了一个重大且关键的区别：旅居者号的质量不到 12 千克，而机遇号和勇气号却重达 185 千

克。火星车的 6 个轮子均采用电动单轮驱动，从而保证了它几乎能在任何地方拐弯，并顺利通过崎岖不平的地形。火星车上有一个软件，它每 20 秒就会对障碍物检测摄像头采集到的图像进行评估，并自动选择最安全的路线。而地面控制中心只负责指定目的地，具体路线全部由火星车自行决定。此外，火星车的供电任务主要由太阳能电池板完成。

惊人的发现

2011 年，机遇号火星车发现了一条石膏矿物条带。很显然，这种矿物需要在水的作用下才能沉积形成。此外，机遇号还发现了含铁矿物赤铁矿和其他矿物，这些矿物的形成也需要水的参与。然而我们不必太过于惊讶，因为从火星轨道的观测已经表明，这里过去一定有水存在。也正是出于这个原因，火星车才选择在这个区域进行采样。

知识加油站

▶ 在由同名小说改编的电影《火星救援》中，美国航天员马克·沃特尼被遗留在火星上。同伴认为他已经死了，但实际上他孤身一人，踏上了前往探路者号着陆点的艰辛旅程。

▶ 马克·沃特尼到达目的地后，修理了着陆装置和旅居者号火星车，并与地球建立了无线电联系。

好奇号 火星车

这张自拍照是由许多单张照片组合而成的，这些照片都是火星车借助机械臂相机拍摄而成的。由于机械臂无法拍下自己的全貌，我们在这张照片中只能看到机械臂的一部分。

名　称： 好奇号

描　述： 移动的火星实验室

体　重： 约 900 千克

动力来源： 装填钚－238 二氧化物的多任务放射性同位素热电发生器

任　务： 保持好奇心，寻找水源，分析矿物质，采集土壤样本以及向地球发送照片

继旅居者号、勇气号和机遇号之后，一辆更大的火星车紧随其后来到了火星，它就是好奇号。好奇号重达 900 千克，几乎是前两个火星车质量的 5 倍。对于这样一台重型车辆而言，安全气囊无法轻易将其包裹，让它慢慢降落到火星表面。因此，人们必须开发一种全新但相对冒险的着陆方法。这对航天工程师来说是一个巨大的挑战。

火星探测器

2011 年 11 月，阿特拉斯五号运载火箭携带着好奇号火星车发射升空。好奇号和下降级"天空起重机"一起被包裹在一个密封的碟形着陆器中。着陆器主要由带降落伞的上半部分和带隔热罩的下半部分组成。着陆器顶附有巡航级，以确保着陆器在正确的轨道上飞行，不会错过火星。此外，好奇号火星车还装配着与地面站通信的重要部件。所有东西加起来重约 3.4 吨。

恐怖 7 分钟

2012 年 8 月 6 日，在距离火星表面约 1600 千米的高空，巡航级与着陆器完成脱离。随后，着陆器将隔热罩正对前方，抛掉沉重的巡航平衡负荷装置，潜入火星大气层。这个步骤发生在离火星表面约 127 千米的高空。由于火星距离地球很远，地面控制中心会延迟一段时间才能知道火星车是否成功着陆。接下来，着陆器将独立执行复杂的"7 分钟着陆程序"。

在向火星表面快速坠落的过程中，隔热罩

➡ 你知道吗？

从着陆点到伊奥利亚山的总路程超过 8 千米。好奇号火星车以每小时 144 米的速度缓慢地向山的方向移动。对于火星车来说，这真是一段漫长的旅途！

到达

着陆器在飞近火星大气层时就要与环形的巡航级分离。

着陆器

1

2

着陆器将隔热罩对准前方，潜入火星的大气层。

3

脱离隔热罩，撑开制动降落伞。

4

反冲发动机使"天空起重机"悬停在火星地表上空，用缆绳吊着火星车使其慢慢降落。下一个步骤是展开车轮。

会升温并开始炽热燃烧。在 11 千米高空，降落伞自动开启。为了精准确认高度，下降雷达立即被激活。着陆器的上、下部与打开的降落伞相互分离。现在，只有装载着火星车的下降级还在向火星表面进发。在距离地表 1.3 千米处，被称为"火星着陆发动机"的反冲发动机反向喷气，使下降级的速度大幅度下降，直至降到距离地面仅 20 米的高度。最后，下降级通过缆绳将好奇号火星车送往地面，在距离地面仅剩几米的地方，火星车起落架展开。接触地面后，缆绳瞬间被切断，下降级"天空起重机"带着缆绳飞离，并在与火星车保持安全距离的地方撞向火星表面，完成着陆。用"天空起重机"将好奇号吊着慢慢降落，这种方法是专门为好奇号开发设计的。

摄像机桅杆与机械臂

好奇号的桅杆上装有主摄像机和可用于远程分析岩石的仪器。而机械臂则主要用于更仔细地研究岩石。机械臂的末端有一个仪器头，这里装有先进的显微镜，可用于超级近距离拍摄；还有一个阿尔法质子－X射线光谱仪，可用于检测火星岩石和泥土中的不同化学元素的含量。此外，火星车还配备了清理岩石表面的摩擦工具和采集样本的钻头，并将采集到的样本转交给两个机载探测器实验室之一的化学与矿物学分析仪（英语简称：CheMin），通过发射高能 X 射线，确定化学和矿物成分；另一个机载探测器实验室火星样本分析仪（英语简称：

SAM）则主要用于寻找火星上的生命证据，如有机分子和气体。在着陆点附近进行的第一次探索表明，好奇号当时正站在干涸的河床上，因为那里有圆形鹅卵石，这是流水作用的典型产物。后来，好奇号又在进一步的调查中发现了只能在有水的环境中才能形成的黏土矿物。

科研目标

在前往盖尔陨星坑的中央山脉伊奥利亚山的途中，好奇号火星车采集了土壤样本，确定了其中的含水量。分析还证实在地球上发现的某种类型的陨星就来自火星。火星上现在是否有条件孕育生命？或者火星过去是否存在过生命？这就需要好奇号来寻找答案了。因此，好奇号用仪器搜寻含碳的有机化合物，寻找能揭示生物过程的岩石结构，同时测量水的分布。此外，好奇号还研究了火星表面辐射的成分和强度。

三代火星车

新一代的火星车都会变得更大、更重、更智能。好奇号位于图片的最右侧。

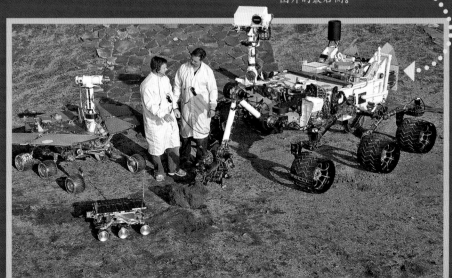

火星上的水

着陆器和火星车对火星表面进行了拍摄和录制。拍录资料显示，火星是一颗荒漠般的红色星球，那里天寒地冻、尘土飞扬、干燥无比。在那里，人们无法找到海洋、湖泊和河流。但火星并非完全没有水，只是那里的水以水蒸气或冰的形式存在。此外，火星地表下可能存在着液态水。

曾经存在的水

数十亿年前，火星还是一颗温暖的星球，地表大部分区域都覆盖着水。今天，火星上干涸的河道和大量的沉积物也可以追溯到那一时期。显然，火星上曾经有过液态水。当时，由于火山气体的释放，这颗行星的大气密度远比现在大。但如今，火星失去了厚厚的大气层，其中一个原因是它的质量小，导致吸引力较弱。另外，由于较小的行星向太空辐射热量的速度更快，所以火星的冷却速度也比地球快。结果，

冰 云

在大气层的高处，固态的二氧化碳和水冰形成了云。有时，峡谷和裂缝也遍布这样的冰云。

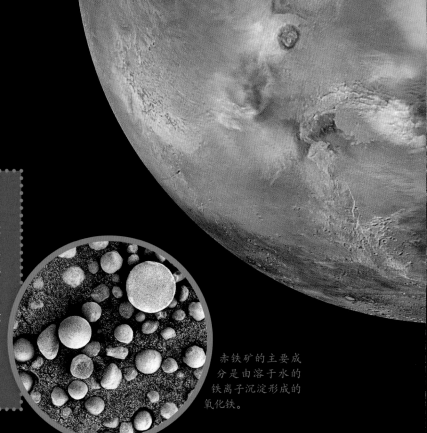

奇特的蓝莓

2004 年，当机遇号火星探测器从弗拉姆陨星坑附近向地球发送这些照片时，美国国家航空和航天局的研究人员惊讶地发现，从图像可以看到岩石样本表面覆盖着一些小球体。这些球体富含铁，最大直径为 6 毫米。在地球上，赤铁矿形成于有水的地方，例如，在湖泊中。这些蓝莓状的小球，最初嵌在软岩中。后来，小球可能经历了风化，也可能由于流水作用，暴露在地表。它们是证明火星上曾经存在液态水的另一条线索。

赤铁矿的主要成分是由溶于水的铁离子沉淀形成的氧化铁。

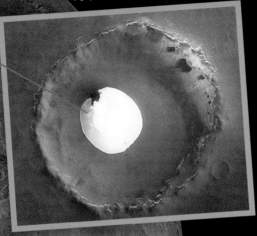

在北极附近的这个火山口，地表一年四季都存在水冰。火山口边缘的大部分区域也被水冰覆盖。

很久以前，水曾经在这里奔涌。上图中的卡塞谷只是众多这类地貌景观中的一个。其中的排水通道和岛屿是因汹涌湍急的水流形成的。

火星核的液体部分开始冻结，导致电流停滞，火星也随之失去了保护性磁场。在没有磁场保护的情况下，火星的大气暴露在太阳风中。太阳风中含有带电粒子，主要成分是氢核和氦核。太阳风把火星大气吹入太空，导致火星的大气压力急剧下降，最终的后果是大部分液态水蒸发。如今，火星上的大气压力非常低，所以火星表面上不可能存在液态水。

现在的水

即使火星表面不再有海洋和河流，但依然存在着其他形式的水。仅用简单的天文望远镜，我们就能观察到火星白色的极冠。从火星轨道上探测器拍摄到火星表面有巨大的冰块，其中只有一小部分是冻结的二氧化碳，我们通常称之为干冰。火星上极地冰盖的组成成分是数百米厚的水冰团。在火星的冬季，白色区域会增十 因为火星大气中的周态二氧化碳合本姓

在南极冰盖下，欧洲空间局的火星快车号探测器通过雷达测量，发现了一个长约 30 千米、宽约 20 千米的湖泊，此外还有一些较小的池塘。目前科研人员还不清楚那是液态盐湖还是一个冰湖，又或者是黏土沉积物。在其他地方，好奇号火星车发现了火星地下存在着液态水的证据，这些水是盐水溶液，即使在低于零度的气温下，它依然保持液态。因为水溶液的含盐量越高，冰点就越低。

"跟着水走！"

"跟着水走！"这是天体生物学家的战略口号，因为有液态水存在的地方才有可能找到生命痕迹。因此，人们有必要观察地表和极地冰层下的湖泊。如果那里曾经有简单的生命，那么其化石残骸会遗留在曾经沉积的地方，例如在以前的河流和河口处。这些地点对于未来的火星载人任务特别有价值

笑一笑吧!

火星人

第一批火星航天员几乎不可能在火星上遇见小绿人。研究人员一直都在探寻微观生命的踪迹。

火星上有生命吗?

自从天文学家开始使用望远镜观测火星,他们一直在寻找火星上的生命迹象。起初,他们声称看见了火星上的海洋和绿意盎然的大陆;一些天文学家甚至认为,他们发现了一些运河,而且这无疑是火星人智慧的结晶。然而,今天我们了解到,火星上既没有动植物这样高等的多细胞生物,也没有火星文明。在火星上,人们唯一能发现的只有水。而众所周知,水是生命的基础之一。数十亿年前,火星比现在更加温暖、更加潮湿,它曾经有更加浓厚的大气层,甚至还有一片海洋。因此,那时候,火星上更有可能发展出生命。但到目前为止,无人探测器却未能在火星上发现任何化石遗骸或明确的生命证据。

火星陨星

科学家们需要获取火星的土壤样本,以便能在实验室中寻找火星上的微生物、化石残骸或其他生命痕迹,但这并非易事。尽管如此,地球上现在已经有火星岩石了。在未出动昂贵的火星探测器的情况下,它们就自己来到了地球。它们就是火星陨星。很久以前,火星受到小行星的巨大撞击后,一部分岩石碎块逃离了火星的引力。数百万年来,大块的火星岩石按照自己的路径穿越太空。有的岩石意外地降落在地球上,其中大多数最终都沉入了海洋。还有许多火星岩石会撞击地球的陆地,随着时间的推移被慢慢风化。少数几块火星陨星幸运地存留下来,例如在沙漠地区或南极冰层中,并被人类及时发现。

火星陨星阿兰山 84001(ALH 84001)

寻找火星陨星的热门区域是南极冰山阿兰山。人们在那里发现的大部分陨星都来自火星和木星之间的小行星带,其他的则是来自月球或火星。1984 年,人们在阿兰山中发现了一颗被命名为 ALH 84001 的陨星,这是人类发现的第一颗火星陨星。然而人们在 10 年后

陨星

知识加油站

▶ 探险队会定期进入地球上的南极冰层搜寻陨星,其中包括非常罕见的火星陨星。

▶ 在南极的冰层中,来自太空的黑色石块特别醒目。此外,数万年来,在冰河的冲刷下,大量陨星在一些地方堆积起来。

才弄清它的身份。在扫描电子显微镜下，我们可以看到断口表面的蠕虫状结构。一些科学家认为这是纳米细菌化石，也就是极其微小的细菌。此外，他们还发现了磁铁矿颗粒，就像人们从一些地球上广泛分布的趋磁细菌中发现的一样。另外还有氨基酸的痕迹，这是蛋白质和重要生物分子的组成部分。但大多数研究人员认为，所有这些都不能充分证明火星上存在生命的痕迹。即使对于纳米细菌来说，这个细长结构也太小了，并且它可能像磁铁矿颗粒一样，在没有生命参与的情况下也会出现。而氨基酸也可能只是源于地球上的细菌。对于火星上是否存在生命这一问题，可能只有寄希望于探测器把火星岩石和尘埃样本带回地球，人们才能找到明确的答案。

甲烷之谜

2003 年，天文学家在夏威夷的冒纳凯阿火山将望远镜对准火星，目的是观测红外波长范围内的火星大气层。在观测过程中，他们发现了甲烷，一种由一个碳原子和四个氢原子构成的分子。然而那里只有少量甲烷的痕迹。在某些地方，例如尼利槽沟裂谷区域，每 10 亿个二氧化碳分子中只有 30 个甲烷分子，而二氧化碳是火星大气的主要成分。

第二年，欧洲空间局的火星快车号探测器也确认了火星上甲烷的存在。2013 年 6 月，好奇号火星车记录下了盖尔陨星坑发生的一次甲烷大喷发。然而，在接下来的几个月里，甲烷气体并没有在火星上扩散开来，这可能是由于太阳的紫外线会分解甲烷，或是甲烷在其他情况下被清除出了大气层。因此，甲烷不能在火星大气中大量积聚。如果人们能反复找到它的踪迹，那它肯定是能不断产出的。而细菌或其他微生物，或者是火星内部的火山活动都能产生甲烷。所以，甲烷并不是火星上存在生命的确凿证据。

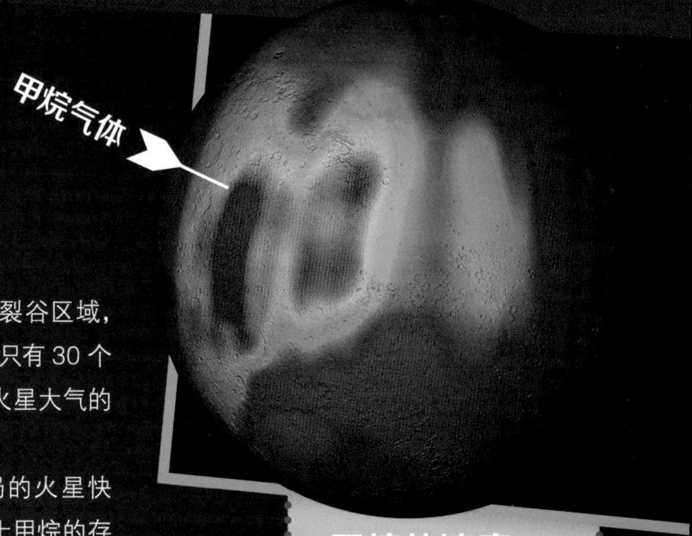

甲烷气体

甲烷的浓度

2003 年夏天，科研人员通过地面天文望远镜发现，火星大气中存在甲烷的痕迹。但甲烷的分布并不均匀，在上图中的红色和黄色区域中，甲烷含量特别高。

纳米细菌？

1 厘米

生命的痕迹？

著名的 ALH 84001 火星陨星的断裂面上有微小的蠕虫状结构。但这些结构真的是火星细菌的化石吗？不一定，至少很多科学家都认为不是。

新使命——
2020年的火星发射窗口

希望号火星探测器

阿联酋希望号火星探测器是由阿拉伯联合酋长国发射的首枚火星探测器，它于2020年7月20日从地球发射升空，在2021年2月9日成功进入了环火星轨道。阿联酋希望号将对火星的大气进行一个完整火星年（约687个地球日）的分析。为此，它进入一个椭圆形的轨道，每55小时完成一次绕火星飞行。它还利用相机和其他仪器记录了火星上的天气。

根据早先的计划，人们会在2020年的火星探测窗口期执行4项火星发射任务。由于俄罗斯-欧洲联合火星任务未能及时解决技术问题，发射计划被终止。另外3项发射任务于2021年2月成功抵达火星。当时，美国国家航空和航天局的好奇号火星车和洞察号着陆器这两个探测器仍活跃在火星表面。此外，还有6个火星探测器在环绕火星运行：3个来自美国国家航空和航天局，两个来自欧洲空间局，一个来自印度。

成功抵达

中国火星车祝融号于2021年5月15日成功着陆火星。图为着陆区和火星车的驶离坡道。

天问一号

在汉语中，"天问"这个词的意思是"对天空发问"，它源于一首2000多年前的中国古诗《天问》，诗人屈原在诗中向天空大胆发问。天问一号火星探测器由环绕器、着陆器和火星车组成，它的三大任务是"绕、落、巡"。环绕器负责拍摄和绘制火星地图，研究太阳风以及它与磁场的相互作用；着陆器的作用是将重达240千克的火星车平稳放置在乌托邦平原上；火星车则负责探测岩石的化学成分，并将解析火星上是否存在可开采的矿石。此外，火星车上的雷达可从火星地表探测地下更深处的水资源。

中国火星探测任务的着陆点是乌托邦平原。1976年，美国国家航空和航天局的维京2号探测器也曾降落在这个区域。

祝融号火星车

着陆器

毅力号火星探测器

美国国家航空和航天局的毅力号火星车的任务是搜寻火星上的有机物质和潜在的生物标记物。为此，火星车上配备了 7 台科学研究仪器、23 台相机和一台激光器。麦克风还首次传输了来自火星的声音，例如着陆时或沙尘暴肆虐时发出的声音。火星车的下方悬挂着机智号直升机。这架小直升机的任务是测试飞行装置对未来载人或无人火星探测任务的支持能力。这样的飞行机器人能勘测周边环境，发现对火星车而言有探索价值的岩层。稀薄的火星大气给直升机的正常飞行带来了不小的挑战。为了确保产生足够的上升力，直升机需要采用特殊的轻质结构。

机智号直升机

第一期飞行试验已经成功！这架微型直升机独立完成了飞行计划。

毅力号与机智号完成分离，并在安全距离处观察直升机试飞。

样本处理臂

火星
样本取回计划

毅力号还负责采集目标土壤样本，并将其储存在金属容器中 **1**。几年后，人们将发射一个机器人探测器到火星，去收集这些土壤样本。然后，一艘小火箭负责把样本送入火星轨道 **2**，再将它转交给返回地球的探测器 **3**，最终把宝贵的样本带回地球。这将是迄今为止最复杂的火星任务，美国国家航空和航天局与欧洲空间局将共同开发此项任务，并共同承担开发成本。这项不载人的火星样本取回计划预计会在 2030 年之前实施。由此获得的样本将成为第一批来源确切的样本，科学家们也会在专门的实验室里对它们进行科学的检测。

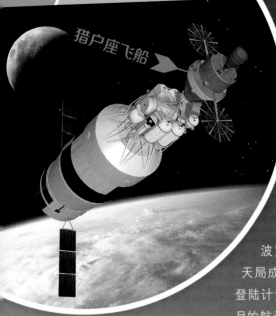

猎户座飞船

飞往火星的人类

早在人类踏入太空之前，载人火星计划就已经在筹备之中。当火箭成功克服了地球的引力场时，火星之旅就变得更加明确具体了。作为阿波罗计划的一部分，美国国家航空和航天局成功完成了6次登月任务。现在，火星登陆计划也近在咫尺。1972年，最后两名登月的航天员离开了月球。沃纳·冯·布劳恩是运载火箭土星5号的开发设计师，早在20世纪80年代，他就认为航天员飞往火星是现实可行的。但时至今日，人类还从未踏出这一步，沃纳·冯·布劳恩的想法和其他计划也没有得到执行。载人火星任务的技术工作量很大，而且和行程较短的登月计划相比，飞往火星所需的成本要昂贵很多倍。

太空发射系统

未来的载人火星任务需要一架强大的火箭。太空发射系统（英语简称：SLS）的开发工作正在如火如荼地进行。猎户座飞船甚至已经在太空中进行了试验。

任重而道远

如果载人火星任务效仿阿波罗登月计划，直接从地球飞往火星，这是不可想象的。首先，一艘火星飞船要比登月飞船大得多，而且必须要直接在太空中由更小的部件组装而成。火星探险活动涉及的面很广，需要数年的准备工作。我们必须先发射无人飞船，去了解火星上的生活环境，为日后航天员在火星落脚做充分的准备。此外，还必须在火星上建立可供应食物、燃料、氧气和水的设施。地面上的"升空摆渡船"和负责回程的宇宙飞船也必须在轨道上时刻待命。只有这样，载有航天员的飞船才能在下一个发射窗口时启动飞行。要么从地球轨道处出发，即宇宙飞船也在此处完成组装；要么选择未来在月球附近建造空间站，然后把该空间站用作太空港。

长途飞行

使用目前可用的化学火箭执行火星登陆任务，旅途至少要耗时半年，一次火星任务则需要将近3年的时间。而执行阿波罗计划的航天员仅需3天就能到达月球，并在一两周后返回

冰制穹顶屋

这个住所是一个被水冰包围的快速充气穹顶屋。冰能起到防辐射的作用。

正确的着装

未来的火星航天员只能通过一个隔离舱进出火星基地，而且必须穿上防护服。

地球。此外，我们还必须等待一个飞往火星的窗口期。从火星返回地球也是如此。在长达数月的旅程中，航天员只能待在宇宙飞船里，期间要有足够的行动自由，因为如果长期被关在一个金属罐子里，航天员将不可避免地出现不适、紧张的状况，甚至会互相争吵。

模拟火星空间站

为了认识火星飞行之旅，了解随后在火星上的居留情况和可能出现的问题，参与者首先要在地球上的宇宙飞船模拟器或模拟火星基地执行模拟任务。在模拟任务中。他们被关在这些试验模型中长达数周或数月，并按照计划表来安排工作和生活。计划表主要包括日常工作、饮食、实验室工作、技术维护和身体检查。为了模拟太空通信，模拟器与地球地面站的通信会出现人为延迟，所以参与者无法与地面进行实时对话。科研人员向参与者进行提问时也无法及时得到回复，有时甚至需要等候长达 40 分钟才会收到答复。

紧急情况测试

因为航天员还要出舱工作，所以科研人员将模拟的火星基地建在贫瘠的土地上。地球上有一些地方的自然条件与火星环境特别相似，例如北极。为了模拟走出宇宙飞船太空舱，航天员必须穿上航天服，尽管不能将重力减少到地球重力的三分之一，但这是一个原则性问题。舱门外的每一步都要经过精心策划。航天员必须学会处理技术或医疗问题，并能迅速找到解决方案。无论是太空舱压力下降还是腿部骨折等严重伤害，航天员都必须独立处理。心理学家会通过麦克风和摄像头密切关注模拟实验中发生的事情，他们对参与者们如何处理意见分歧特别感兴趣。有时候，参与者会提前退出模拟实验。但在真正的火星任务中，你是绝对不能随便退出的！

几乎和火星一样

科研人员在地球上的偏远地区，例如位于加拿大最北端的德文岛，反复模拟火星任务。图片的背景是模拟舱。在舱外，人们必须严格按要求着装。

火星移动车
有了这样的火星移动车，航天员就可以在火星上出行了。

迷你火星车

在太空中生存

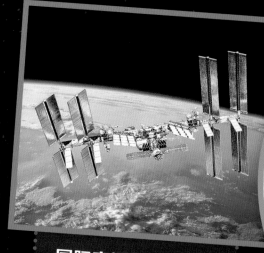

国际空间站（ISS）

在国际空间站上，航天员需要接受医学体检。为了给载人火星任务做准备，航天员们要在那里驻留一年甚至更久。

如果你想去火星，那你首先得完成一趟跨越数千万千米的星际穿越。尽管宇宙飞船的外壳和用于舱外活动的航天服可抵御由真空、极端温差和太阳的危险紫外线辐射带来的伤害，然而在火星上，还会有其他东西危及航天员的健康。

在国际空间站上做运动

在失重——更准确地说是微重力环境下，航天员会出现肌肉萎缩、体内钙质通过尿液流失的情况，这会导致骨骼变得更加脆弱。航天员只有坚持日常锻炼才能减少骨骼和肌肉的退化。

肌肉和骨骼

在飞往火星的旅途中，我们无法阻止失重的发生。人体处于失重状态会导致肌肉萎缩、骨骼密度下降和循环系统功能减退。如果太空飞行的时间较短，身体的各项机能可能会逐渐恢复如初。但如果航天员要历经 30 个月的火星之行才能返回地球，这将造成严重的肌肉退化和骨质流失，只有在此期间每天坚持肌肉锻炼，才会有所缓解。因此，火星飞船上必须配备健身设备，航天员一旦到达火星，就要尽快适应火星上的重力。

免疫系统

在微重力环境下，人体免疫系统抗击病原微生物的能力会下降，免疫防御能力也因此而减弱，其中的具体原因还需要更多研究才能揭晓。航天员在太空中经常患上呼吸系统疾病、尿路感染、皮肤真菌病等疾病。特别是在压力之下，疱疹病毒会频繁发作，这种病毒通常潜伏在体内，很容易被忽视。

太空辐射

然而，对航天员健康构成最大威胁的是太空辐射。太空辐射的源头之一是太阳，它会向外喷射太阳高能粒子。这些带电粒子会损伤人体细胞和细胞所含的基因组。当太阳表面粒子急剧喷发时，情况会变得尤为危险。如果粒子的喷射方向是宇宙飞船，那它几个小时后就会抵达飞船。因此，人们必须不断地观测太阳及

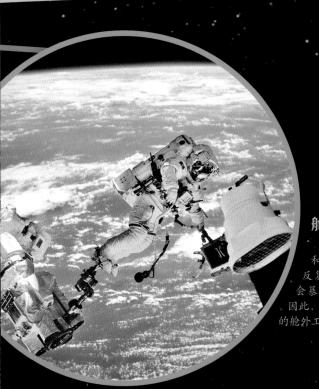

舱外工作

为了修复国际空间站和安装新部件，航天员必须反复出舱工作。这样他们就会暴露在强烈的太阳辐射中。因此，如果出现太阳风暴，这样的舱外工作必须推迟。

太阳风暴

太阳耀斑释放的高能带电粒子会伤害人体细胞。这种电子流会直接侵入到火星表面，但是地球磁场能阻挡这种危险，对人体起到保护作用。

其活动。

国际空间站上的辐射负载已经非常明显。空间站距地面仅约 400 千米，仍在地球磁场的保护范围内。而对于踏上火星探索之旅的航天员来说，无论是在宇宙飞船中，还是在抵达火星之后，他们都会缺少这种天然的保护。

辐射屏蔽舱

如果预计宇宙飞船会遭遇高能量的太阳粒子风暴，航天员必须撤退到一个专门的防辐射舱里。这个空间可能会筑有水墙，因为水对太阳粒子辐射具有良好的屏蔽作用。但另一种辐射无法被阻挡——它们是来自银河系外的宇宙辐射，其主要成分是又快又重的原子核，因此具备非常高的能量。火星航天员基本都会暴露在辐射水平更高的环境下，因此未来罹患癌症的风险也会增加。

精神压力

航天员们被困在非常狭窄的空间内，几乎没有隐私，日常生活通常也很单调。这对大多数人来说难以承受。他们距离朋友和家人十分遥远，很少能有机会交谈——只能偶尔通过视频传递讯息，而且无法及时收到回复。在国际空间站中，航天员在半年后就可能出现抑郁、疲惫和烦躁的迹象。而执行火星任务的时间会更久，长此以往火星航天员们心理健康可能面临更严峻的挑战。此外还有另一个难以接受的事实：从火星上看去，人类的家园会变成一个只能发出微弱光芒的蓝色小点，火星航天员们首先必须习惯这一点。

孤军奋战

航天员团队必须凭借自己的力量处理各种问题。如果有小陨星将飞船撞出一个漏洞，全体航天员要马上把漏洞封住。至于医疗紧急情况，他们也无法向地球寻求援助，必须独立解决。一旦踏上了前往火星的旅途，由于轨道力学的原因，宇宙飞船便不能轻易转向。也就是说，在这种飞行中，宇宙飞船绝无可能制动和掉头返航。此外，在火星上的驻留也不能提前结束。为了返回地球，火星航天员必须等待下一个发射窗口。

➡ 你知道吗？

2010 年，航天员斯科特·凯利（右）在国际空间站度过了一整年。这一年，他的双胞胎兄弟、同是航天员的马克·凯利（左）则生活在地球上。为了了解在太空中的长期逗留是否会对健康产生影响，科学家对两人的身体状况进行了对比研究。

移民火星

人类一旦实现载人往返火星计划，那么下一个长期目标将是在火星上定居。在那里，第一批真正的"火星人"将诞生。现在已经有很多人自愿报名，想在火星上度过余生。然而，火星上的生活其实并不容易。开路先锋需要投入大量精力去修建基础设施，从而保证后代也能在那里世代生存。

能源供应

由于火星距离太阳更远，到达火星表面的阳光更少，所以很难利用太阳能满足整个基地的能量需求。此外，持续数日或数周的沙尘暴，会使原本就微弱的光照变得更加黯淡。

由于火星的大气层十分稀薄，所以发电装置风力涡轮机也远远不如在地球上高效。无论风速多高，在火星上都不过是一缕微风。另外，因为火星地表十分寒冷，地热能发电站也不是解决能源问题的好办法。所以，在建设火星的最初几年，人类可能要利用核反应堆满足主要的能源需求。由于核反应器和放射性燃料必须由地球供应，因此这并不是一个安全的计划，尤其是在宇宙飞船发射和着陆时。

用于呼吸的空气

火星的大气十分稀薄，密度不到地球大气的1%，而且大气中几乎都是二氧化碳。因此，火星居住地中必须建立由氧气和氮气构成的人工大气环境，且始终保持一定压力。为此人类

若想在火星上长期生存，人们就必须在温室中种植粮食作物 ❶。在室外种植是不现实的，因为室外环境对生物的生存极为不利 ❷。

未来的航天服可能会变得更轻、更舒适，那样火星移民在室外就更容易活动了。

需要在火星上建立氧气和氮气工厂，以便合成用于呼吸的空气。这一技术已经得到小规模测试。为了避免这种大气环境的消失，火星上的人们需要打开气闸门才能进入居住地。

辐射防护

由于火星大气稀薄且缺乏保护性磁场，大部分来自宇宙和太阳的粒子辐射及紫外线辐射都会直达火星表面。对于在火星上度过一生的人来说，这会显著增加罹患癌症的风险。因此，人们必须对火星上的住宅做好辐射防护，户外活动也要受到严格控制。

有毒的粉尘

在任何情况下，再细小的火星灰尘都不能进入人类居住地，因为它带有静电，可以黏附在任何地方，甚至是在航天服上。因此，人们最好把航天服留在气闸门外，需要外出时，再通过气闸门钻进航天服背部的开口中。此外，火星的土壤中含有有毒的高氯酸盐，这会给粮食作物的种植带来极大挑战。

水和食物

人们可能会将定居点建在有水的地方，要么是在火星两极附近，要么是在地下水储存量更丰富的地区。水也是生产氧气和燃料的原材料。人们需要为温室中的植物提供水分，这些植物要么生长在合成土壤上，要么培育在水中。藻类、鱼类和其他水生动物可以在水箱中饲养并繁殖。而生物垃圾和人类排泄物则被用作食品生产所需的肥料。

多行星物种

在进化过程中，人类已经适应了地球上的生存条件。但是火星表面的重力只有地球的

火星基地

38%，这种环境会导致人体出现肌肉萎缩、骨量减少和心血管方面的问题。人们只有每天坚持锻炼，这些不良反应才能有所缓解。

火星定居点的工作人员最初可能每隔几年就需要轮换一次。但是，那些永远不想离开火星的定居者和出生在火星上的人该怎么办呢？而那些在基因上就比其他人更能适应低引力的人呢？他们是否应该被挑选为火星移民？火星最终会属于那些勇于实现跨星际旅行、前往其他行星的人们吗？

➡ **你知道吗？**

"地球化"这一概念指的是将火星改造为第二个地球。为此，人们会释放大量的温室气体，使两极的冰盖融化，创造出富含氧气的大气层。这一切需要人造磁场来维系，这显然是一件极其复杂的事情！

谁是宇宙中最酷的星球? 当然是我!

太酷了! —— 红色星球 访谈录

迄今为止, 已经有十几名航天员登上了月球, 500 多人去过太空。如果太空的开路先锋和航天工程师根据自己的愿望行事, 人类早就已经踏上火星了。但是我们为什么至今还没有实施载人火星任务呢? 最好的办法就是问一问火星, 它究竟是如何看待载人和无人火星任务的呢? 本次采访是通过无线电进行的, 因此需要等待一段时间。为了方便读者, 我们剪掉了烦人的无线电延迟时间。

名　称: 火星
绰　号: 红色星球
年　龄: 45 亿岁
描　述: 温度过低, 岩石众多, 一片荒凉
爱　好: 撞毁空间探测器, 观察龙卷风和沙尘暴, 与火卫一和火卫二玩牵拉游戏

打个哈欠!

火卫一

你好, 你好! 有人在吗? 火星, 你在吗?

（几分钟后, 有了回答）

嗨! 我在这儿! 一如既往的火红和炫丽。你知道中国人叫我"火星"吗? 这真的是太棒了——我就是一颗这么酷的星球。

龙卷风

是的, 确实如此。而且你又有新访客了, 中国的火星漫游车第一次来到你家做客。你如何看待地球人的多次来访呢?

我眼看着它们慢慢下降, 这让我感觉非常刺激。我很关心它们能不能成功着陆, 这次又给我带来了什么新鲜玩意。然后, 我有一个问题: 它们究竟是硬着陆还是软着陆呢? 我特别喜欢那种带弹力球的漫游车, 正好给我挠痒痒, 真舒服!

抵达火星后的第 581 天, 精神号火星探测器捕捉到了这次龙卷风。在前景中, 我们能看到在风化作用下形成的沙丘。

只有较小的空间探测器才有安全气囊。你觉得好奇号和毅力号怎么样？它们的体积大多了。

它们是被绑在几根缆绳上吊下来的，还有火箭帮助移动，这简直是一场精彩的演出！但后来就只剩下一动不动的箱子。我听月亮说过，航天员在月球上驾驶着越野车，在月球表面呼啸着驰骋。看来，载人太空旅行已经取得了一些成就！

➡️ **你知道吗？**

这颗红色星球在中文里被称为"火星"，这可能是它的颜色令古代中国人联想到了火光。2021 年 5 月 15 日，中国的祝融号火星车成功登陆火星，开始在火星表面进行探索。

是的。我还有一个问题：你从来没有想过自己创造生命吗？

谁说我没有创造生命？你们必须要仔细观察，付出更多的努力。也许它非常小，隐秘地躲藏在某个角落。

噗……

火卫一

你的意思是，你这里存在生命？例如细菌这种小家伙？

我可没这么说哟。

那你会创造出老鼠、大象、雏菊、水母和人类吗？一些有智慧的生命？

我曾经和地球聊过。它告诉我：羚羊可以，大象可以，植物也可以，但人类绝对不行。不行，绝对不行。没有任何星球需要人类，它们只会制造污垢、破坏气候。下一个问题。

那你不愿意看到人类来访吗？

我当然愿意看到人类！但数量不能太多。可以从几个航天员开始，然后建立一个基地，最好还有一个定居点……这样的话，在我可能接受的范围内。但人类不能把这儿弄得一团糟，必须收拾得干干净净。

你怎么看待"地球化"？

很奇怪，这算什么主意？如果你们想拥有一个地球，那就待在地球上。我只想做我自己，所以你们不要有改造我的想法。

你对我们的读者还有什么建议吗？

请爱护好你们的星球！哎呀，我得赶紧去拉火卫一和火卫二一把，不然它们会粉身碎骨的。火卫一！

火卫一（叹了口气）：为什么总是我？

谢谢，祝你们三个玩得开心！

火卫二（轻声嘀咕）：或许我该悄悄溜走。

你有兴趣踏上火星之旅吗？我们一直在寻找有能力的航天员！

名词解释

猎户座飞船
是美国火星载人登陆计划
的载体,未来将带着人类飞往火星。

安全气囊:在本书中指包裹空间探测器的充气袋状装置,用于在探测器着陆时有效减缓冲击。

航天员:也称宇航员,是以太空飞行为职业或进行过太空飞行的人。

天文单位:天文学中测量距离的基本单位之一,以 AU 表示,长度接近于地球到太阳的平均距离。一个天文单位等于 $1.495978707 \times 10^{11}$ 米,即大约 1.5 亿千米。

大气层:包围一颗行星、卫星或恒星的气体圈层。

制动降落伞:一种特殊的降落伞,能帮助着陆器在进入大气层时减缓速度。

火山口:火山活动时地下高温气体、岩浆物质喷到地面的出口。

火卫二:火星的两颗天然卫星中较小的一颗。

飞 越:指一个物体(空间探测器)飞行经过行星,但不进入其轨道。

重 力:一种因其质量而吸引其他物体的力。任何天体使物体向该天体表面降落的力都称"重力"。

居住地:航天员在地外行星或卫星上的落地点(生活和工作区域)。

隔热罩:用于保护航天器外部的耐高温隔热装置。

霍曼转移:在飞往火星的情况下,霍曼转移所用的是一个椭圆轨道,探测器在这个轨道上能以最少的能耗到达火星。

陨星坑:陨星、小行星撞击行星或其他天体表面时形成的环形的凹坑。

着陆器:降落在天体表面的一种航天器,可能需要配备降落伞来减速,在天体表面实现软着陆。

熔 岩:由溢出地表的熔融岩浆冷凝而形成的火山岩。

陨 星:俗称"陨石",大质量流星体在穿过地球大气层后未被完全烧毁而落到地面的残骸。

运行轨道:一个物体(空间探测器)在引力作用下围绕另一个物体转动的轨道。

轨道器:环绕地球或其他行星运行的空间探测器。

火卫一:火星的两颗天然卫星中较大的一颗。

空间探测器:又称航天探测器、深空探测器或宇宙探测器,指从地球发射到太阳系其他天体进行探测的航天器。

自转轴:一条假想轴,是天体自身旋转时角速度和线速度都为零的那一条直线。

漫游车:为了科学研究目的被放置在行星或卫星表面上的形状如车辆的机器人。

样本取回计划:一项太空任务,其目标是将来自行星、卫星、彗星或小行星的样本带回地球,进行详细的研究。

沉积物:沉积在陆地或水盆地中的碎屑物、沉淀物或有机物质。

天空起重机:专为重型火星车好奇号的进入—下降—着陆过程设计的设备,在距离火星地表 20 米高处用缆绳将火星车从平台吊落到火星表面,并在着陆后切断缆绳飞离。

发射窗口:指比较合适运载火箭发射的一个时间范围。若以火星为发射目标,这样的发射窗口大约每 26 个月出现一次,以便人类在消耗燃料最少的情况下向火星发射探测器。

尘 魔:火星上类似于龙卷风的旋涡状尘埃,可以攀升到离地面数百米的高处。

粒子辐射:对人类有害的高能辐射,通常来自太阳、银河系的其他地方以及遥远的星系。

图片来源说明 /images sources:

Archiv Tessloff: 14 下左, 46-47 上; DLR: 48 上右 (NASA); ESA: 22 中左 (DLR/ESA/FU Berlin/G. Neukum), 23 上右 (DLR/ESA/FU Berlin/G. Neukum), 24 上右 (DLR/FU Berlin, CC BY-SA IGO 3.0), 25 上右 (DLR/FU Berlin, CC BY-SA 3.0 IGO), 25 中中 (DLR/FU Berlin (G. Neukum), CC BY-SA 3.0 IGO), 25 中右 (DLR/FU Berlin (G. Neukum), CC BY-SA 3.0 IGO), 26 上左 (DLR/FU Berlin, CC BY-SA 3.0 IGO), 27 上右 (DLR/FU Berlin, CC BY-SA 3.0 IGO), 35 上左 (DLR/FU Berlin (G. Neukum), CC BY-SA 3.0 IGO); Flickr: 6 上左 (Tun? Tezel (TWAN)), 36 中左 (NASA Johnson/ Cindy Evans CC BY-NC 2.0), 43 上左 (NASA's Marshall Space Flight Center); mauritius images: 4 上右 (Masheter Movie Archive/Alamy); NASA: 12-13 背景图 (JPL-Caltech), 14 上右 (JPL-Caltech/GSFC/Univ. of Arizona), 14 中左 (JPL-Caltech/ University of Arizona), 15 上右 (KSC), 15 下右 (JPL), 16 上左 (JPL-Caltech), 17 下左 (NASA/JPL), 17 上右, 17 下右 (JPL-Caltech), 18 上左 (JPL-Caltech), 18 下右 (JPL), 19 上中 (JPL), 19 上左 (JPL/ MSSS), 21 下右 (MOLA Science Team), 21 下左 (MOLA Science Team), 25 上左 (JPL-Caltech/University of Arizona), 26-27 背景图 (JPL-Caltech), 28 上右 (JPL/Texas A&M/Cornell), 28 中左 (JPL-Caltech/Malin Space Science Systems), 29 上右 (JPL/

Texas A&M/Cornell), 29 中右 (JPL-Caltech/Univ. of Arizona), 29 下右 (JPL-Caltech/Malin Space Sciences Systems), 30 上中, 30 上左, 30 中右 (JPL-Caltech), 30-31 背景图 (JPL-Solar System Visualization Team), 30 下 (JPL/Cornell University), 31 上右 (JPL), 32 上左 (JPL-Caltech/ MSSS), 33 上中 (JPL-Caltech), 33 上右 (JPL-Caltech), 33 中中 (JPL-Caltech), 33 中右 (JPL-Caltech), 33 下右 (JPL-Caltech), 34-35 背景图 (JPL/ MSSS), 34 下中 (JPL-Caltech/Cornell/ USGS), 35 上左 (JPL/ Arizona State University/R. Luk), 36 下左, 36 下右 (JPL/JSC), 37 上右 (Trent Schindler), 39 上右 (JPL-Caltech/MSSS), 39 中中 (JPL-Caltech), 39 中右 (JPL-Caltech), 39 下左 (JPLCaltech), 43 上右, 43 下右 (Robert Markowitz), 44 上右 (SAIC); Pflügner, Matthias: 6 下左; picture alliance: 9 下右 (REUTERS | NASA NASA), 38 上左 (ASSOCIATED PRESS | Alexander McNabb), 38 下左 (CNSA | Xinhua News Agency | Jin Liwang), 38 中右 (Xinhua News Agency | China National Space Administration); Pixelio: 20-21 背景图 (s.kunka), 46-47 背景图 (s.kunka); Shutterstock: 1 (Anterovium), 4-5 背景图 (IgorZh), 4 下左 (Everett Collection), 7 下 (Siberian Art), 10 左下 (Sonne: Lukasz Pawel Szczepanski), 10 中右 (Merkur: HAKAN AKIRMAK VISUALS), 10 下中 (Venus: buradaki), 10 中右 (Erde: xtock), 10 中右 (Mars: Jurik Peter), 11 上 (Siberian Art), 12 上左 (AlexLMX), 13 上右 (Mopic), 18 中右

(Maximin Stock), 18-19 背景图 (Dotted Yeti), 20 上左 (Dotted Yeti), 22 上左 (SciePro), 24 左 (Artsiom P), 36 上中 (galacticus), 42 上右 (Dima Zel), 42-43 背景图 (Elena11), 44 下 (Dotted Yeti); SpaceX: 45 上右; Wikipedia: 5 下右 (PD/Henrique Alvim Corrêa), 7 上右 (PD), 8 上右 (PD), 9 上右 (Giovanni Schiaparelli), 16 下右 (CC0 1 - Waterced), 23 下右 (Jet Propulsion Laboratory/ University of Arizona), 40 上左 (NASA/MSFC), 40-41 背景图 (NASA/Clouds AO/ SEArch), 41 下右 (Stacy Cusack), 42 中左 (NASA/JPL), 44 中右 (NASA), 46 下左 (NASA/JPL)

封面照片:Shutterstock: 封 1 (24K-Production), 封 4 (Dotted Yeti)

设计:Tessloff Verlag

DER MARS Aufbruch zum Roten Planeten

By Dr. Manfred Baur

© 2021 TESSLOFF VERLAG, Nuremberg, Germany, www.tessloff.com

© 2023 Dolphin Media, Ltd., Wuhan, P.R. China

for this edition in the simplified Chinese language

图书在版编目（CIP）数据

火星登陆 / （德）曼弗雷德·鲍尔著；马佳欣，梁进杰译. — 武汉：长江少年儿童出版社，2023.4

（德国少年儿童百科知识全书：珍藏版）

ISBN 978-7-5721-3761-7

Ⅰ.①火… Ⅱ.①曼… ②马… ③梁… Ⅲ.①火星探测—少儿读物 Ⅳ.①P185.3-49

中国国家版本馆CIP数据核字(2023)第022963号

著作权合同登记号：图字 17-2023-025

HUOXING DENGLU

火星登陆

[德] 曼弗雷德·鲍尔 / 著　马佳欣　梁进杰 / 译

责任编辑 / 蒋　玲　王　铭

装帧设计 / 管　装　美术编辑 / 邓雨薇

出版发行 / 长江少年儿童出版社

经　　销 / 全国新华书店

印　　刷 / 鹤山雅图仕印刷有限公司

开　　本 / 889×1194　1 / 16

印　　张 / 3.5

印　　次 / 2023年4月第1版，2023年4月第1次印刷

书　　号 / ISBN 978-7-5721-3761-7

定　　价 / 35.00元

策　　划 / 海豚传媒股份有限公司

网　　址 / www.dolphinmedia.cn　　邮　　箱 / dolphinmedia@vip.163.com

阅读咨询热线 / 027-87391723　　销售热线 / 027-87396822

海豚传媒常年法律顾问 / 上海市锦天城（武汉）律师事务所　张超　林思贵　18607186981

船的故事
从独木舟到远洋帆船

飞机的秘密
人类飞行的梦想

火山探秘
来自地底的火焰

七大奇迹
上古时期的宝藏

汽车世界
精彩的汽车发展史

鲨鱼家族
海洋里的危险猎手

百变天气
阳光、风和暴雨

穿越大自然
探究与保护

鲸和海豚
海洋里的哺乳动物

恐龙王国
永远消失的史前霸主

矿物与岩石
闪闪发亮的宝藏

爬行与两栖动物
蜥蜴、林蛙和鳄鱼

大自然的力量
难以估量的威力

改变世界的电
高电压与磁场体

各种各样的鱼
水下的奇妙世界

猫的家族
拥有美丽皮毛的敏捷猎手

奇境森林
动物和植物的天堂

忠诚的狗
四只爪子的英雄

浩瀚宇宙
宇宙的秘密

狼的故事
走进荒野猎食者的领地

蚂蚁和白蚁
了不起的昆虫师

美丽的蝴蝶
色彩斑斓的自然精灵

蜜蜂和胡蜂
美味的蜂蜜与可怕的蜂针

潜水的魅力
潜入水下的迷人世界

古老的希腊文明
诸神、英雄和诗人

古罗马生活
古罗马城的社会百态

欧洲风情
人口、国家和文化

骑士时代
城堡、比武大会和宫廷女性

舞动的音符
走进音乐的奇妙世界

古老的城堡
中世纪的见证

熊的秘密生活
棕熊、大熊猫、北极熊

化石档案
生命的烙印

奇妙的昆虫
六条腿的生存艺术家

极地世界
生活在冰天雪地

神秘的蜘蛛
丝线上的猎手

大象王国
动物的"巨人"

海底宝藏
沉没的宝藏

海洋之谜
海洋研究与保护

火星登陆
红色星球定居计划

忙碌的农场
动物、植物和农业机械

时尚魅影
时尚的古与今

全球气候
冰期和气候变化

2023 NEW   2023 NEW   2023 NEW   2023 NEW   2023 NEW   2023 NEW